U0283169

高等学校建筑电气技术系列教材

水暖与空调电气控制技术

孙光伟　主编

梁延东　崔福义　副主编

中国建筑工业出版社

图书在版编目（CIP）数据

水暖与空调电气控制技术/孙光伟等编．-北京：中国建筑工
业出版社，1998
高等学校建筑电气技术系列教材
ISBN 978－7－112－03411－6

Ⅰ．水… Ⅱ．孙… Ⅲ.①建筑-给水-技术-高等学校-教材
②建筑-排水-技术-高等学校-教材③建筑-空气调节-技术-
高等学校-教材 Ⅳ.TU8

中国版本图书馆CIP数据核字（97）第24405号

　　本书是建筑电气技术系列教材之一。全书分上、下两篇，上篇为给水
与排水控制，主要介绍建筑与城市给水、排水、管网、泵站及水质净化处
理的控制技术；下篇为采暖与空气调节电气控制，主要介绍室内空气的过
滤、加热、加湿等调节系统的控制技术。

　　本书是建筑中水、暖、电三大专业的有机结合，在编写上又各成系统，
不仅可作建筑电气及自动化专业的教材，也可供给水排水、环境工程、采
暖通风等其他专业选用。亦适合从事科研、设计、施工、管理等工作的有
关工程技术人员参考。

高等学校建筑电气技术系列教材

水暖与空调电气控制技术

孙光伟　主编

梁延东　崔福义　副主编

*

中国建筑工业出版社出版、发行（北京西郊百万庄）

各地新华书店、建筑书店经销

北京圣夫亚美印刷有限公司印刷

*

开本：787×1092毫米　1/16　印张：9¾　字数：230千字
1998年6月第一版　　2011年7月第九次印刷
定价：**18.00**元

ISBN 978-7-112-03411-6
(20869)

高等学校建筑电气技术系列教材
编审委员会成员

序　言

高等学校建筑电气技术系列教材是根据 1995 年 7 月 31 日至 8 月 2 日在沈阳召开的建设部部分高等学校建筑电气技术系列教材研讨会的会议精神，由高等学校建筑电气技术系列教材编审委员会组织编写的。

本系列教材以适应和满足高等学校电气技术专业（建筑电气技术）教学和科研的需要，培养建筑电气技术专业人才为主要目标，同时也面向从事建筑电气自动化技术的科研、设计、运行及施工单位，提供建筑电气技术标准、规范以及必备的基础理论知识。

本系列教材努力做到内容充实，重点突出，条理清楚，叙述严谨。参加本系列教材编写的 教师，均长期工作在电气技术专业的教学、科研、开发与应用的第一线。多年的教学与科研实践，使他们具备了扎实的理论基础及较丰富的实践经验。

我们真诚地希望，使用本系列教材的广大读者提出宝贵的批评意见，以便改进我们的工作。

我们深信，为加速我国建筑电气技术的全面发展，完善与提高我国高等学校建筑电气技术教学与科研工作的建设，高等学校建筑电气技术系列教材的出版将是及时的，也是完全必要的。

高等学校建筑电气技术系列教材

编审委员会

1996 年 10 月 6 日

前　言

　　水暖与空调电气控制技术课程是建设部系统高等院校电气技术专业的一门专业课。本书是根据高等学校建筑电气技术系列教材编审委员会审定的教学大纲编写的，编者结合多年的教学经验和教学讲义，针对电气技术专业的特点和学生将来工作的需要，将水、暖、电三大专业有机地结合在一起，在编写上又各成系统，便于学生学习、掌握。

　　本书内容涉及几个专业，主要用作建筑电气技术及自动化专业的教材，也可供给水排水、环境工程、采暖通风等相关专业学习参考。

　　本书由哈尔滨建筑大学孙光伟主编，梁延东、崔福义副主编。在编写过程中得到各方面的大力支持，在此向封莉、王睿同志等表示感谢。

目　　录

上篇 给水与排水控制

第一章 给水排水工程基础

第一节 给水排水工程概述

水是生命之源。水是城市的血液。人类的生存离不开水，现代化的工矿企业、现代化的城市离不开水。给水排水工程的任务就是解决水的开采、加工、输送、回收等问题，满足城镇及工矿企业用户对水质和水量的需求。

给水排水工程又可进一步划分为城市给水排水工程和建筑给水排水工程。城市给水排水工程的主要任务是为城镇提供足够数量并符合一定水质标准的水；同时把使用后的水（污、废水）汇集并输送到适当地点净化处理，在达到无害化的要求后，或排放水体、或灌溉农田、或重复使用。建筑给水排水工程的主要任务是将室外给水系统输配的清水供给到室内各用水点，并将污水排泄到室外排水系统中去。可见室内及室外给水排水工程是不可分割的统一整体。

一、给水系统的任务与组成

给水系统的任务，从技术上讲，就是：不间断地向用户输送在水质、水量和水压三方面符合使用要求的水。

自然界的水虽然比较丰富，但并不是自然地就能符合用户要求的。特别是由于工业迅速发展，不少天然水域遭到不同程度的污染，为了完成上述给水任务，必须根据具体情况采取一系列相应的措施，建造相应的工程。这样就需要有：

取水工程——把所需数量的水从水源取上来，即解决水的开采问题。给水水源可分为两类。一类为地面水，如江水、河水、湖水、水库水及海水等。另一类为地下水，如井水、泉水、喀斯特溶洞水等。取水工程要解决的是从天然水源中取（集）水的方法以及取水构筑物的构造形式等问题。水源的种类决定着取水构筑物的构造形式及净水工艺的组成。主要分为地面水取水构筑物和地下水取水构筑物。

水处理工程——把取上来的天然水经过适当净化处理，使它在水质方面符合用户要求，即解决水的加工问题。

输配水工程——把天然原水从水源地输送到水处理厂，或把经过净化处理后洁净的水，以一定的压力，通过管道输送分配到各用水地点，即解决水的输送问题。

取水、净水和输配水三部分组成了整个给水系统。图1-1所示为典型的以地表水为水源的给水系统。

二、排水系统的任务与组成

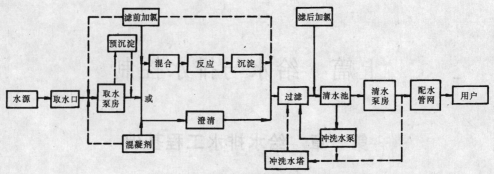

图 1-1　地表水源给水系统的组成

水一经使用即成污水。日常生活使用过的水叫生活污水，其中含大量的有机物及细菌、病原菌、氮、磷、钾等污染物质。工业生产使用过的水叫工业废水，其中污染较轻的叫生产废水，污染较严重的叫生产污水。前者在使用过程中仅有轻微污染或温度升高，后者则含不同浓度的有毒有害及有用物质，成分随产品及生产工艺的不同而异。雨水虽较清洁，但降雨初期流经道路、屋面及工业企业时，将因挟带流经地区的特有物质而受到污染，排泄不畅时尚可形成水害。城市污水是由生活污水与工业废水泄入城市排水管道后形成的混合污水。所有这些污水，如不予任何控制而肆意排放，则势必造成对环境的污染和破坏，严重者将造成公害，既影响生产，又影响生活并危及人体健康。因此排水工程的基本任务是保护环境免受污染；促进工农业生产的发展；保证人体健康；维持人类生活和生产活动的正常秩序。其主要组成为：收集各种污水的一整套工程设施，包括排水管网和污水处理系统。排水管网系统是收集和输送废水的设施，即把废水从产生地输送到污水处理厂或出水口，其中包括排水设备、检查井、管渠、污水提升泵站等工程设施。污水处理系统是处理和利用废水的设施，它包括城市及工业企业污水处理厂、站中的各种处理构筑物工程设施。图 1-2 为城市污水排水系统总平面示意图。

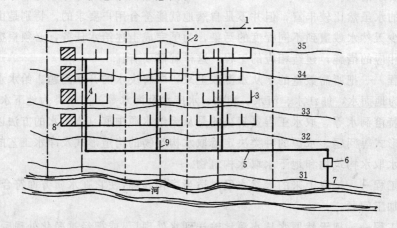

图 1-2　城市污水排水系统总平面示意图

1—城市边界；2—排水流域分界线；3—支管；4—干管；5—主干管；

6—污水处理厂；7—出水口；8—工厂区；9—雨水管

第二节　建筑给水排水工程

一、建筑给水

（一）室内给水系统及其分类

室内给水系统的任务是将水自室外给水管引入室内，并在保证满足用户对水质、水量、水压等要求的情况下，把水送到各个配水点（如配水龙头、生产用水设备、消防设备等）。

室内给水系统由以下几个基本部分组成，如图1-3所示。

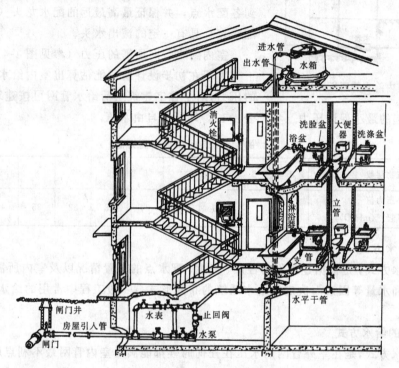

图 1-3　室内给水系统

（1）引入管——为穿过建筑物承重墙或基础，自室外给水管将水引入室内给水管网的管段；

（2）水表节点——水表装设于引入管上，在其附近装有闸门、放水口等，构成水表节点；

（3）给水管网——由水平干管、立管和支管等组成的管道系统；

（4）配水龙头或生产用水设备；

（5）给水附件——给水管路上的闸门、止回阀等。

除上述基本部分外，按建筑物的性质、高度、消防的要求程度及室外管网压力等不同因素，室内给水系统中常附加一些其它设备如水泵、水箱或气压装置及贮水池等。

室内给水系统按供水对象及其要求可以分为：

（1）生活给水系统：专供人们生活饮用用水。水质应符合国家规定的饮用水质标准。

（2）生产给水系统：专供生产用水，如生产蒸汽、冷却设备、食品加工和造纸等生产

3

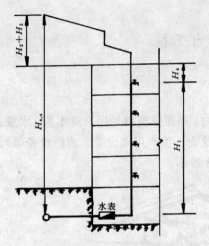

图 1-4 室内给水管网所需压力图

过程中用水。水质按生产性质和要求而定。

（3）消防给水系统：专供消火栓和特殊消防装置用水，对水质无特殊要求，但要保证水压和水量。

除上述三种系统外，还可根据所要求的水质、水压、水量和水温并考虑经济、技术和安全等方面的条件，组成不同的联合给水系统。

（二）室内给水管网所需的压力

室内给水管网中的压力，应保证将所需的水量供到各配水点，并保证最高最远的配水龙头（即最不利配水点）具有一定的流出水头。

室内给水管网所需的压力（参见图 1-4）。

为了在初步设计阶段能估算出室内给水管网所需的压力，对于住宅建筑生活给水管网可按建筑层数，确定自地面算起的最小保证压力（参见表 1-1），即所谓自由水压。

按建筑物的层数确定所需最小压力值   表 1-1

建筑物层数	1	2	3	4	5	6	7	8	9	10
最小压力值 （自地面算起）（mH$_2$O）	10	12	16	20	24	28	32	36	40	44

（三）给水方式

室内给水方式，是根据建筑物的性质、高度、配水点的布置情况以及室内所需水压、室外管网水压和水量等因素而决定的给水系统的布置形式。一般工程中常用的给水方式有如下几种：

1. 简单的给水方式

此种给水方式，是在室外管网的水压在任何时候都能满足室内管网最不利点所需水压、并能保证管网昼夜所需的流量时，常采用的给水方式（参见图 1-5）。

2. 设水泵和水箱的给水方式

室外管网压力经常性或周期性不足，室内用水甚不均匀时，可采用这种给水方式

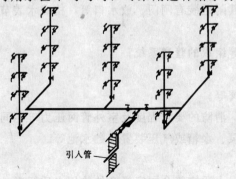

图 1-5　简单的给水方式

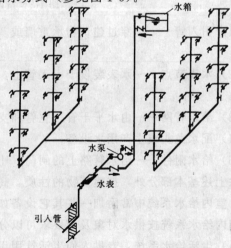

图 1-6　设水泵和水箱的联合给水方式

（参见图1-6）。水箱如采用浮球继电器等装置，还可使水泵启闭自动化。这种给水方式多在多层民用建筑中应用。

当一天内室外管网压力大部分时间能满足要求，仅在用水高峰时刻，由于用水量增加，室外管网中水压降低而不能保证建筑的上层用水时，则可用只设水箱的给水方式解决。在室外给水管网中水压足够时向水箱充水（一般在夜间）；室外管网压力不足时（一般在白天）由水箱供水。这种给水方式的优点是：能贮备一定量的水，在室外管网压力不足时，不中断室内用水。缺点是：高位水箱重量大、位于屋顶，需加大建筑梁、柱的断面尺寸，并影响建筑立面处理。

若一天内室外给水管网压力大部分时间不足，且室内用水量较大而均匀，如生产车间局部增压供水，可采用单设水泵的给水方式。

高位水箱也可用一个密闭的容器取代，容器为含有压缩空气的压力罐，利用压缩空气的压力将罐中的水送到管网中的各配水点，具有调节和贮存水量、保持需要压力的作用。压力罐可根据情况，安装于任何适宜的地点。这种给水方式称为气压给水方式。

3. 变速水泵给水方式

这是近年新发展的给水方式。它取代了水泵-水箱给水方式的高位水箱，也取代了气压给水方式的气压水罐，通过改变水泵转速的方式改变给水泵的工况，从而实现流量调节和恒压给水，供水压力变化小，设备简单，是一种节能的给水方式。水泵转速的调节，常用变频调速的方式进行，即形成变频调速恒压给水技术（参见图1-7）。

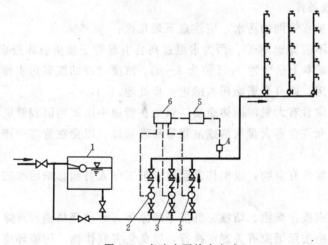

图1-7　变速水泵给水方式

1—储水池；2—变速泵；3—恒速泵；4—压力变送器；5—调节器；6—控制器

4. 分区给水方式

高层建筑中，管网静水压力很大，若不分区，下层管网由于压力过大，管道接头和配水附件等极易损坏；电能消耗也不合理。因此，必须进行竖向技术分区，分段供水。

（四）消防给水

为了及时扑灭火灾和防止火灾蔓延，减少火灾损失，必须根据建筑物的性质、高度考虑消防给水问题。

一般建筑室内消火栓给水管网常与生活、生产共用一个管网系统，只是在合并不经济或技术上不可能时或在高层建筑中，才采用独立的消防给水管网系统。室内消火栓的水源多取自室外给水管网，来水贮存在地下贮水池。

自动喷洒消防系统是一种特殊的消防设备。当发生火灾时，喷水头能自动喷水灭火，消防给水系统自动地发出火警信号。在火灾危险性较大的建筑物内（例如纺织厂、呢绒厂、木材加工厂、高层建筑、仓库、剧院舞台等），为了及时扑灭初期火灾，常设置自动喷洒消防给水系统。自动喷洒消防给水系统由喷水头、管网、信号阀和火警讯号器等组成。

二、建筑排水

（一）建筑排水系统的分类

建筑排水系统的任务是排除居住建筑、公共建筑和生产建筑内的污水。按所排除的污水性质，建筑排水系统可分为：

1. 生活污水管道

排除人们日常生活中所产生的洗涤污水和粪便污水等。此类污水多含有机物及细菌。

2. 生产污（废）水管道

排除生产过程中所产生的污（废）水。因生产工艺种类繁多，所以生产污水的成分很复杂。对于生产废水中仅含少量无机杂质而不含有毒物质，或是仅升高了水温的（如一般冷却用水、空调制冷用水等），经简单处理就可循环或重复使用。

3. 雨水管道

排除屋面雨水和融化的雪水。

（二）污水排放条件

直接排入城市排水管网的污水，应注意下列几点：

（1）污水温度不应高于 40℃。因为水温过高会引起管子接头破坏造成漏水；

（2）要求污水基本上呈中性（pH 值为 6～9）。浓度过高的酸碱污水排入城市下水道不仅对管道有侵蚀作用，而且会影响污水的进一步处理；

（3）污水中不应含有大量的固体杂质，以免在管道中沉淀而阻塞管道；

（4）污水中不允许含有大量汽油或油脂等易燃液体，以免在管道中产生易燃、爆炸和有毒气体；

（5）污水中不能含有毒物，以免伤害管道养护工作人员和影响污水的利用、处理和排放；

（6）对伤寒、痢疾、炭疽、结核、肝炎等病原体，必须严格消毒灭除；对含有放射性物质的污水，应严格按照国家有关规定执行，以免危害农作物、污染环境和危害人民身体健康；

（7）排入水体的污水应符合《工业企业设计卫生标准》的要求；利用污水进行农田灌溉时，亦应符合有关部门颁布的污水灌溉农田卫生管理的要求。

（三）建筑排水系统的组成

建筑室内排水系统一般由卫生器具、排水横支管、立管、排出管、通气管、清通设备及某些特殊设备等部分组成，如图 1-8 所示。

1. 卫生器具（或生产设备）

卫生器具是室内排水系统的起点，接纳各种污水后排入管网系统。污水从器具排出口经过存水弯和器具排水管流入横支管。

2. 横支管

横支管的作用是把各卫生器具排水管流来的污水排至立管。横支管应具有一定的坡度。

3. 立管

立管接受各横支管流来的污水，然后再排至排出管。为了保证污水畅通，立管管径不得小于 50mm，也不应小于任何一根接入的横支管的管径。

4. 排出管

排出管是室内排水立管与室外排水检查井之间的连接管段，它接受一根或几根立管流来的污水并排至室外排水管网。排出管的管径不得小于与其连接的最大立管的管径，连接几根立管的排出管，其管径应由水力计算确定。

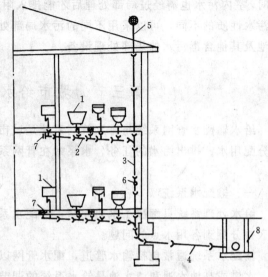

图 1-8　室内排水系统

1—卫生器；2—横支管；3—立管；4—排出管；
5—通气管；6—检查口；7—清扫口；8—检查井

5. 通气管系

通气管的作用是：（1）使污水在室内外排水管道中产生的臭气及有毒害的气体能排到大气中；（2）使管系内在污水排入时的压力变化尽量稳定并接近大气压力，因而可保护卫生器具存水弯内的存水不至因压力波动而被抽吸（负压时）或喷溅（正压时）。

6. 清通设备

为了疏通排水管道，在室内排水系统中，一般均需设置如下三种清通设备：

（1）检查口。设在排水立管上及较长的水平管段上，检查口的设置高度一般距地面 1m，并应高于该层卫生器具上边缘 0.15m。

（2）清扫口。当悬吊在楼板下面的污水横管上有二个及二个以上的大便器或三个及三个以上的卫生器具时，应在横管的起端设置清扫口。也可采用带螺栓盖板的弯头、带堵头的三通配件作清扫口。

（3）检查井。对于不散发有害气体或大量蒸汽的工业废水的排水管道，在管道转弯、变径处和坡度改变及连接支管处，可在建筑物内设检查井。对于生活污水排水管道，在建筑物内不宜设检查井。

7. 特殊设备

（1）污水抽升设备

在工业与民用建筑的地下室、人防地道和地下铁道等地下建筑物中，有的卫生器具污水不能自流排至室外排水管道时，需设水泵和集水池等局部抽升设备，将污水抽送到室外排水管道中去，以保证生产的正常进行和保护环境卫生。

（2）污水局部处理设备

当个别建筑内排出的污水不允许直接排入室外排水管道时（如呈强酸性、强碱性、含多量汽油、油脂或大量杂质的污水），则要设置污水局部处理设备，使污水水质得到初步改善后再排入室外排水管道。此外，当没有室外排水管网或有室外排水管网但没有污水处理

7

厂时，室内污水也需经过局部处理后才能排入附近水体、渗入地下或排入室外排水管网。根据污水性质的不同，可以采用不同的污水局部处理设备，如沉淀池、除油池、化粪池、中和池及其他含毒污水的局部处理设备。

第三节　城市给水排水管网系统

给水输配水管网系统与排水管网系统是城市给水排水工程的重要组成部分，担负着输送分配用水、排出污水的任务。水泵站在管网系统中地位重要，起着对水加压、提升等作用。

一、输配水系统

给水处理系统只解决了水质问题，输配水系统则是解决如何把净化后的水输送到用水地区并分配到各用水点的问题。

输配水系统通常包括输水管道，配水管网以及调节构筑物等。

水塔或高地水池和清水池是给水系统的调节设施。其作用是调节供水量与用水量之间的不平衡情况。因为通常供水量在某段时间里是个较为固定的量，而用户用水的情况却较为复杂，随时都在变化。这就出现了供需之间的矛盾。水塔或高地水池能够把用水低峰时管网中多余的水暂时储存起来，而在用水高峰时再送入管网。这样就可以保证管网压力的基本稳定，同时也使水泵能经常在高效范围内运行。但水塔的调节能力非常有限，只有当小城镇或工业企业内部的调节水量较小，或仅需平衡水压时才适用。对于更大的调节范围，水塔则基本上起不到调节作用。

清水池与二泵站可以直接对给水系统起调节作用；清水池也可以同时对一、二级泵站的供水与送水起调节作用。一般地说，一级泵站的设计流量是按最高日的平均时来考虑，而二级泵站的设计流量则是按最高日的最大时来考虑，并且是按用水量高峰出现的规律分时段进行分级供水。当二级泵站的送水量小于一级泵站的送水量时，多余的水便存入清水池。到用水高峰时，二级泵站的送水量就大于一级泵站的供水量，这时清水池中所储存的水和刚刚净化后的水便被一起送入管网。较理想的情况是不论在任何时段，供水量均等于送水量，或送水量均等于用水量。这样就可以大大减少调节容量而节省调节构筑物的基建投资和能耗。

二、排水系统

排水系统的制式，一般分为合流制与分流制两种类型。

排水系统的布置形式，与地形、竖向规划、污水厂的位置、土壤条件、河流情况及污水的种类和污染程度等因素有关。在地势向水体方向略有倾斜的地区，排水系统可布置为正交截流式，即干管与等高线垂直相交，而主干管（截流管）敷设于排水区域的最低处，且走向与等高线平行。这样既便于干管污水的自流接入，又可以减小截流管的埋设坡度。

三、水泵和水泵站

泵站是把整个给水系统连为一体的枢纽，是保证给水系统正常运行的关键。在排水系统中也常采用水泵对污水加压提升。泵站的主要设备有水泵及其引水装置，配套电机及配电设备和起重设备等。水泵的工作是由电动机带动的，它所耗去的动力费用，一般占整个给水系统供水成本的一半以上。因此正确选择水泵和合理设计水泵站不仅对于保证正常供水，而且对于降低供水成本和节约能源都具有十分重要的意义。

（一）水泵的分类

由于输送的水量、水压各不相同，所抽送水的水质也有差异，因此需要有各种不同形式、不同性能的水泵来适应不同的要求。应用在给水排水工程方面的水泵类型主要有离心泵、轴流泵、井泵、往复泵和真空泵等。

当取用地表水时，最常用的是离心泵，这是最广泛应用的水泵型式。

当取用地下水时，常用的是深井泵、深井潜水泵和潜水泵等。当地下水动水位较高时，也有采用离心清水泵的。

深井泵的传动装置设在地面上，一般建有泵房。深井潜水泵的传动装置与水泵一并浸没在井的动水位下面，因此不需地面设施，可省去泵房。

潜水泵一般适用于从大口井、水池、水库或河流中取水时。它具有体积小、重量轻、安装简单、移动灵活，操作方便以及不需地面设施等优点。潜水泵也有多种型号，构造基本相同。

轴流泵一般用于大流量低扬程的场合，多在排水泵站中采用。

（二）水泵站的分类

按照在给水排水系统中的功能，水泵站分为：取水泵站、清水泵站、加压泵站、冲洗泵站、污水泵站、雨水泵站等。图1-9为一个设有平台的半地下式二级泵站平面及剖面图。

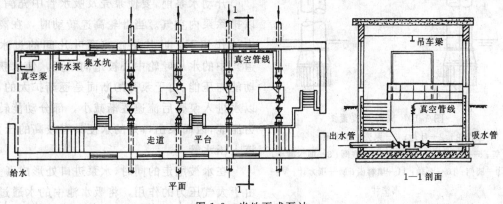

图1-9 半地下式泵站

取水泵站（又称一级泵站、原水泵站）是把水从水源输送到净化构筑物的泵站。在不需要净化处理的情况下（如水质良好的深井水），经加氯消毒后，也可直接输送到管网、水塔或用户。

清水泵站（又称二级泵站、出水泵站）是把经过净化处理后的水，输送到管网、水塔或用户的泵站。

加压泵站是用来提高管网中水压的泵站。一般均建于管网压力较低或用户集中的地区。它的另一种形式是清水库泵站（即大型清水池和加压泵站合建）。在晚间用水量低时水厂内的清水泵站向清水库送水；白天用水量高时，清水库泵站从清水库取水，与水厂的清水泵站同时向管网送水。

冲洗泵站用来冲洗滤池，不少情况下它与清水泵站合并建造，以节省投资和便于运行管理。也常设于滤池一隅或冲洗水塔底部。

污水泵站用于将污水提升一定高度，便于排放或减少后面排水管网的埋深。一般设置于污水管道系统中或污水处理厂内。

雨水泵站是将雨水排水系统汇集的雨水提升，排放入水体，雨水泵站设置于雨水管渠系统中或低洼地带。

（三）离心式水泵（简称离心泵）的工作原理与性能

离心泵具有结构简单、体积小、效率高、运转平稳等优点，故在给水排水工程中得到广泛应用。

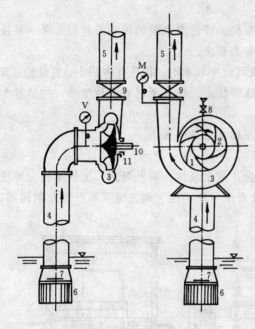

图 1-10　离心泵装置图

1—工作轮；2—叶片；3—泵壳（压水室）；4—吸水管；5—压水管；6—拦污栅；7—底阀；8—加水漏斗；9—阀门；10—泵轴；11—填料函；M—压力计；V—真空计

在离心泵中，水靠离心力由径向甩出，从而得到很高的压力，将水输送到需要的地点。图1-10所示为离心泵装置。

在图1-10中，3是水泵外壳，10是泵轴，泵轴穿过泵壳处设有填料函11，以防漏水或透气。在轴上装有叶轮1，它是离心泵的最主要部件，叶轮1上装有不同数目的叶片2，当电动机通过轴带动叶轮旋转时，叶片就搅动水做高速回转，4是吸水管，5是压水管，6是拦污栅，起拦阻污物之用。

开动水泵前，要使泵壳及吸水管中充满水，以排除泵内空气。当叶轮高速转动时，在离心力的作用下，叶片槽道（两叶片间的过水通道）中的水从叶轮中心被甩向泵壳，使水获得动能与压能。由于泵壳的断面是逐渐扩大的，所以水进入泵壳后流速逐渐减小，部分动能转化为压能，因而泵出口处的水便具有较高的压力，流入压水管。

在水被甩走的同时，水泵进口处形成真空，由于大气压力的作用，将吸水池中的水通过吸水管压向水泵进口（一般称为吸水），进而流入泵体。由于电动机带动叶轮连续回转，因此，离心泵是均匀连续地供水，即不断地将水压送到用水点或高位水箱。

离心式水泵的工作方式有"吸入式"和"灌入式"两种：泵轴高于吸水池水面的叫"吸入式"；吸水池水面高于泵轴的称为"灌入式"，这时不仅可省掉真空泵等抽气设备，而且也有利于水泵的运行和管理。

在图1-10的水泵中，水仅流过叶轮一次，即仅受一次增压，这种泵叫单级离心泵。为了得到较大的压力，在有些情况下常采用多级离心泵；这时，水依次流过数个叶轮，即受多次增压。

当流量为水泵的设计流量时，效率最高，这种工作状况称为水泵的设计工况，也叫额定工况，相应的各工作参数称为设计参数（额定参数），水泵的额定参数标明于水泵的铭牌上。实际上水泵流量可以在一个相当大的范围内变化。对同一台水泵而言，当流量提高时，扬程就降低。水泵在出厂以前进行试验，以确定泵的扬程、流量、所需功率和效率等。同时还将确定扬程、功率和效率与水泵流量之间的关系，把这种关系画成曲线，即是水泵特性曲线。特性曲线一般包括流量与扬程、流量与功率及流量与效率之间关系的三条曲线。样本中把三条曲线画在一个图中，以便对照选用。从图中可以查出不同流量情况下的扬程、功率和效率。当效率最高时，与此相对应的流量、扬程和功率，即为水泵最高工作效率时的数值，铭牌上一般仅列出这一组数值。样本的特性曲线上还画有两处破折线符号，它表示在此范围内，水泵的性能较好，使用也较合理。在选择水泵时，应尽量在这个范围内选用。

（四）水泵的工况点

在离心泵-管路系统中，水泵的流量、扬程输出是由水泵及管路的联合特性决定的。在有压管路中，通过的流量 Q 与需要提供的能量存在特定的关系，这一能量用水压表示，以曲线表达就称为管路特性曲线。它由两部分组成：一部分为使水压有一个增值（克服地形高差及保持一定的自由水压）所需的能量 H_0，另一部分为克服管路阻力（即水头损失）所需要的能量，与流量有关，$h=sQ^2$。于是管路特性曲线可表达为：

$$H_n = H_0 + sQ^2 \tag{1-1}$$

水泵的特性曲线也可以近似表达为下式：

$$H_p = H_b - s_g Q^2 \tag{1-2}$$

式中　H_n——管路对水头的需求；

　　　H_0——静扬程；

　　　s——管路摩阻系数；

　　　Q——流量；

　　　H_p——水泵扬程；

　　　H_b——水泵特性曲线延长于纵轴的交点；

　　　s_g——水泵摩阻。

将这两条曲线绘于同一坐标系下（图1-11），二者有一交点 c。在该点工况下，水泵提供的扬程恰好满足管路系统的能量需求，水泵与管路的特性得到平衡。c 点对应着水泵的工作点，称为工况点。当水泵的特性曲线发生移动（变速工作时）或管路的特性曲线发生变化（如改变管路中阀门的开启度），都会使交点 c 发生移动，即水泵工况点变化，输出（流量、扬程）亦发生相应变化。

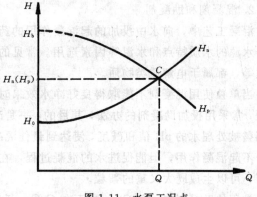

图1-11　水泵工况点

（五）离心泵的选择

选择水泵时，必须根据给水排水系统最大小时的设计流量 q 和相当于该设计流量时系统所需的压力 $H_{s.u}$，按水泵性能表确定所选水泵型号。

具体说来，应使水泵的流量 $Q \geqslant q$，使水泵的扬程 $H \geqslant H_{s.u}$，并使水泵在高效率情况下工作。考虑到运转过程中泵的磨损和效能降低，通常使水泵的 Q 及 H 稍大于 q 及 $H_{s.u}$，一般采用10％～15％的附加值。

在水泵性能表上，附有传动配件、电动机型号等，可一并选用。

在供水量较大的情况下，常将水泵并联工作，此时两台或两台以上的水泵同时向压水管路供水。并联工作时总的输出是由并联水泵的联合特性决定的，即并联水泵扬程相同，流量为各并联泵流量之和。

第四节　水与废水处理系统

一、给水处理系统

天然水均或多或少含有各种杂质。

水的净化就是用不同的处理工艺，去除原水中的悬浮物质和胶体物质等杂质，使净化后的水质能满足生活饮用或工业生产的要求。

常规的水处理工艺包括混凝、沉淀或澄清、过滤、消毒等。每种工艺又有不同形式的净水构筑物。设计时应针对不同原水水质和用户对水质的不同要求，经过技术经济比较，采用适当的净水构筑物，组合构成水厂的净水工艺流程。典型的净水工艺流程如图 1-12。

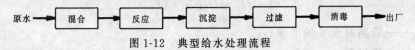

图 1-12　典型给水处理流程

（一）混凝

1. 混凝的基本概念

整个混凝过程可分为投药、混合、反应（即凝聚和絮凝）几个阶段。混凝过程的完善程度对以后的净水工艺（如沉淀、过滤等）有很大的影响。为使混凝过程达到高效能，技术上的关键在于结合原水水质，选用性能良好的混凝剂及助凝剂；创造适宜的水力条件，以保证混凝过程各阶段的作用能顺利进行。

影响混凝效果的主要因素有水的 pH 值、碱度、温度、杂质成分和浓度等。

2. 混凝剂和助凝剂

混凝工艺中，向水中投加的起混凝作用的药剂就称为混凝剂。混凝剂有很多种类，应结合水源的水质特点和水温等因素选用。常见的混凝剂有硫酸铝、聚合铝、三氯化铁、聚合铁等，都属于电解质类物质。

当单独使用混凝剂不能取得良好净水效果时，为加强混凝机能，促进和完善水的混凝过程，常采用投加助凝剂的办法，其目的：一是改善絮粒结构，使其粒大、强韧和沉重；二是调整被处理水的 pH 值和碱度，使达到最佳混凝条件，提高混凝效果。应指出的是助凝剂本身不起混凝作用，但能促进水的混凝过程，在胶体颗粒稳定性破坏以后，利用助凝剂的作用，可以生成既大又重的絮粒。

常用的助凝剂有：氯 Cl_2、生石灰 CaO、活化硅酸 $Na_2O \cdot xSiO_2 \cdot yH_2O$、聚丙烯酰胺（PAM）等。

3. 混凝剂的投加与混合

混凝剂的投加方式主要可分为泵前投加和泵后投加两种。泵前投加是投在取水泵吸水管中或吸水喇叭口处，利用水泵叶轮使药剂和原水充分混合；泵后投加是在水泵出水管上或专门的混合设备中，投药后需通过混合设备进行混合。

投药系统一般由溶解池、溶液池、计量设备和投加装置等组成。

投药的任务主要是把经溶解并制备成一定浓度的混凝剂和助凝剂溶液，连续地按照需要数量投加到原水中去。投药设备运行的好坏，将直接影响净化处理效果。投药设备中最关键的是投加装置。常用的投加装置有：往复式计量投药泵、离心式投药泵、重力式投加设备等。

药剂投加量是制约净水质量与成本的关键因素。当原水水质变化或处理水量改变时，要及时调整投加量。

4. 反应

反应是使混合后初步形成的絮粒经过充分碰撞接触，凝聚成较大的颗粒的过程。要完成反应的任务，必须：

（1）反应池中须控制一定的流速，创造适宜的水力条件。在反应池的前部，因水中的颗粒细小，流速要大些，以利于颗粒碰撞粘附；但是到了反应池的后部，絮体已结成一定的尺寸，此时流速宜适当减小，以免絮粒破碎。因此，反应池内的流速应由大到小的变速设计，一般采用 0.6～0.2m/s。

（2）水中宜保持相当数量的颗粒（包括投入混凝剂后生成的氢氧化铝或氢氧化铁胶体颗粒，水中原有的悬浮物和胶体颗粒），以增加颗粒的碰撞机会，结成较大尺寸的絮粒。

（3）颗粒碰撞次数与反应时间（或反应池的体积）有关。延长反应时间，颗粒碰撞的机会相应增加，有助于形成易沉的絮体，但过分延长反应时间将使工程投资增加。

反应完善的水，其絮粒与水有明显的分离倾向。

反应池型式选择，应根据水质、水量、净水工艺高程布置、净化构筑物形式等因素确定。一般反应池均与沉淀池合建，避免分建后再用管、渠连接，防止絮粒在流过管渠时因水力作用而破碎，降低沉淀效果。

常用的反应池有：机械搅拌反应池、隔板反应池、网格反应池、折板反应池等。

（二）沉淀

沉淀过程就是使原水中的泥砂或经投药混凝所生成的絮粒，依靠重力，从水中沉降分离，使浑水变清的过程。

根据原水中是否投加混凝剂，沉淀可分为自然沉淀和混凝沉淀两种。

以平流式沉淀池为例分析沉淀池的工作原理。经过混合反应后的原水，不断进入沉淀池，水平流向出口（见图 1-13），水中絮粒同时受到水平流向和颗粒重力下沉两个力的作用。根据矢量的合成法则，以矢量表示的两个分速度为相邻两边，构成的平行四边形的对角线就是这两个分速度的合速度（图 1-14）。因此，絮粒形成倾斜向下的合成流向，在到达出口前沉积在池底而被截留下来，少量细小絮粒随水流带出沉淀池，这就是平流式沉淀池沉淀的简单过程。

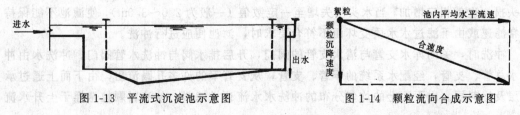

图 1-13　平流式沉淀池示意图　　　　　图 1-14　颗粒流向合成示意图

从图 1-14 中可以看出：

（1）在同样的条件下，池中水流的水平流速越大，则能沉淀的颗粒数量相应减少。因此，平流式沉淀池的水平流速（即指进水流量除以沉淀池过水断面积）是设计和运行中的一项重要指标。设计时，水平流速（平均）一般采用 5～20mm/s。

（2）原水由沉淀池进口流到出口所经过时间，即停留时间（或沉淀时间）也是关系到沉淀效果的一项重要指标，停留时间太短，净水效果就差；停留时间太长，则造价增加。当采用混凝沉淀时，平流式沉淀池的停留时间一般为 1.5～2h。

（3）增大絮粒的沉降速度，则所需的沉淀时间可缩短，沉淀池的体积可减小。要增加颗粒的沉速，就必须选择适当的混凝剂品种和投加最佳的剂量，并充分发挥反应池的效能。

常用的沉淀池有：平流式沉淀池、斜板沉淀池、斜管沉淀池等。

（三）澄清

澄清利用原水中的颗粒和池中积聚的活性泥渣相互碰撞接触、吸附、结合，然后与水分离，使原水较快地得到澄清。澄清池是综合混凝和泥水分离作用，在一个池内完成混合、反应、悬浮物分离等过程的净水构筑物。

澄清池具有处理效果好、生产率高、占地面积小、节约药剂用量等优点，但也存在对进水水温、水质、水量变化敏感，结构较复杂，管理要求较高等缺点。

澄清池的种类、型式很多，较为常见的有：悬浮澄清池、脉冲澄清池、机械搅拌澄清池、水力循环澄清池等。

（四）过滤

经过混凝沉淀或澄清处理的水，在水质方面已大有改善，大部分悬浮物质已经去除。处理后水的浑浊度一般均在 10～20 度以下，一大部分细菌亦已去除。但还达不到饮用水的标准。过滤的目的就在于除去残留在沉淀池或澄清池出水中的细小悬浮物质以及一部分细菌，同时为进一步消毒创造良好的条件。

普通快滤池是最典型的滤池型式（图 1-15）。它包括如下基本部分：

池体，一般用钢筋混凝土制造；

滤料层及承托层（或称支承层）；

配水系统；

冲洗水排水系统；

控制闸阀及测量仪表等。

工作过程：

过滤时，关闭冲洗水支管阀门与排水阀，开启浑水支管与清水支管阀门。浑水经浑水总管、支管进入浑水渠流入快滤池内，经过滤料层、承托层，由配水系统的支管汇集起来，经配水系统的干管、清水支管、清水总管流往清水池。当水流经滤料层时，水中杂质即被截留。随着滤料层中杂质数量的逐渐增加，滤料层的孔隙随之减少，水流的阻力不断增加，水头损失也就相应增加，当水头损失增至一定数值（一般为 2.0～3.0m），使滤池不能保持正常滤速或由于滤过水水质变坏而不符合要求时，滤池便应进行冲洗。

冲洗时，关闭浑水支管与清水支管的阀门，开启排水阀与冲洗水管阀门。冲洗水由冲洗水总管、支管，经配水系统的干管、支管，从支管下的许多孔眼流出，由下而上通过承托层及滤料层。由下而上的均匀分布的冲洗水水流顶松滤料，使滤料颗粒悬浮于上升水流中而互相碰撞摩擦，将附着于滤料上的杂质冲洗下来，随水带入排水槽，汇集至总槽后排入排水渠道，一直冲洗到流入排水槽的水较清为止。停止冲洗后，滤料粗颗粒先沉下，细颗粒后沉下，使滤料层排列与原来一样，接着又可继续过滤。

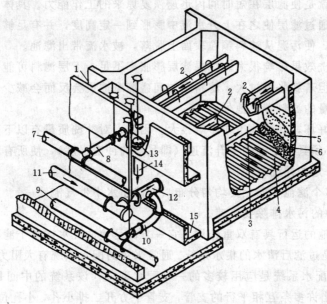

图 1-15 快滤池构造剖视

1—浑水渠；2—洗砂排水槽；3—配水干管；4—配水支管；5—砂层；6—卵石层；7—浑水干管；
8—浑水支管；9—清水干管；10—清水支管；11—冲洗水干管；12—冲洗水支管；13—排水阀；
14—排水管；15—污水渠

滤池设计和运行管理中的几个主要指标：

（1）滤速

滤速是指过滤时滤池单位面积上的流量负荷，即指每平方米滤池面积在 1h 内滤过的水量，单位以 m/h 表示。

（2）水头损失

水头损失是指滤池过滤时滤层上面的水位与滤后水在集水干管出口处的水位的高差，用水柱高度（m）表示。它表明水在整个过滤过程所受的阻力。随着过滤时间的延续，滤层中截留的杂质不断增加，滤层孔隙逐渐减小，因此，水头损失亦在不断增加。

（3）工作周期

从过滤开始到冲洗之前（过滤停止）的这段实际过滤运行时间，也就是滤池水头损失接近期终水头损失，或者滤池出水水质超过规定指标所需的时间，即滤池两次冲洗间隔的实际工作时间，称为工作周期，又称冲洗周期。单位用小时（h）表示。

（4）冲洗强度

冲洗强度是指单位滤池面积所需的冲洗水流量，以 L/s·m² 表示。

（5）滤层膨胀率

强大的水流自下而上反冲洗时，滤料层便逐渐膨胀起来。滤层膨胀后所增加的厚度与膨胀前厚度之比，称为滤层膨胀率。

滤池常用的滤料是石英砂。

承托层的作用有二：过滤时，防止滤料进入配水系统；冲洗时，可起均匀布水作用。

承托层的材料一般采用卵石。

冲洗的目的，就是使滤层在短时间内迅速恢复原来的工作能力。具体地说，就是用强大的水流由下而上通过滤层使之在上升水流中膨胀到一定高度，并有足够的时间让滤料颗粒相互碰撞、摩擦，使污泥从滤料颗粒表面上脱落，被水流带出滤池。

滤层膨胀对冲洗效果影响很大。如果滤层膨胀率不足，下层滤料可能会安然不动，致使滤料冲洗不净；但若膨胀率过大，滤料颗粒间碰撞摩擦机会反而会减少，而且所需冲洗强度大，还会把大量的滤料带出池外。

滤池冲洗质量好坏，对滤池工作影响很大。因此，对冲洗质量有以下要求：

1）冲洗水流必须具有足够的上升流速（即足够的冲洗强度），使所有滤料得到膨胀；

2）要保证有一定的冲洗时间；

3）冲洗水在整个滤池平面上要均匀分布，并防止水中带气泡；

4）冲洗过程中的污水排除要迅速。

配水系统对滤池的运行具有双重作用。它一方面是使冲洗水在整个滤池平面上均匀分布，另一方面它又是过滤后清水的集水系统。通常采用的配水系统有大阻力和小阻力两种。

穿孔管大阻力配水系统是应用较多的一种配水型式，该系统的中间是一根粗的干管（或干渠），两侧接出许多条互相平行的支管，支管下方开二排小孔，小孔位置和直线成45°角交错排列。冲洗水由干管流入支管，通过支管孔口喷出，斜向冲击池底，然后反流向上，经承托层、滤料层而后流入洗砂排水槽。

（五）消毒

经过混凝沉淀和过滤以后的水，虽然水的物理外观已经符合生活饮用水水质的要求，很大一部分细菌、病原菌和其他微生物也得到了去除，但其中还有一定数量的微生物及病原菌存在。为了使水质全面达到生活饮用水水质标准的要求，保障人民身体健康，还必须进行消毒处理。

水的消毒方法很多，基本上可分物理的和化学的两大类。物理方面的有加热至沸腾、紫外线消毒、超声波消毒等方法；化学方面的有氯化消毒（向水中加入氯气、漂白粉或氯胺等）、臭氧消毒、二氧化氯消氯、重金属离子消毒等方法。

氯化消毒法的消毒力强，货源充沛价廉，设备简单，加入水中后能保持一定量的残余浓度（通常称为余氯），可防止再度污染而繁殖细菌，同时，残余浓度检测方便。由于上述优点，所以在自来水厂中被广泛采用。

1. 氯消毒的原理

氯气 Cl_2 通入水中后，由于水解作用而生成盐酸 HCl 和次氯酸 $HOCl$。次氯酸是中性的分子，它能很快扩散到带负电荷的细菌表面，并透过细胞膜而进入细胞核。次氯酸中氯原子 Cl，能氧化破坏细菌细胞中的酶——它是细胞内促进新陈代谢的一种物质，从而导致细菌死亡而达到杀菌消毒作用。

2. 加氯方式

（1）原水加氯：常加注在原水水泵以前（也有加在原水水泵后的）。此时，除可达到原水消毒作用外，还因破坏了一部分有机物及杀灭部分微生物和藻类，对促进混凝作用、保养滤池滤料以及降低水色、水臭和去除水中铁、锰等都有很大好处，但原水加氯的耗氯量较大。

（2）滤前加氯：加注在沉淀池至过滤池之间的位置中。其作用除提高消毒效果外，对于保养滤池滤料，以及降低水色、水臭都有很大好处。

（3）滤后加氯：加注在过滤以后、进入清水池以前，主要为杀死残存的细菌和微生物。

（4）出厂加氯：加注在清水池以后、清水泵以前。当清水池停留时间过长，出厂清水的余氯不足以保证在管网中阻抑细菌和微生物繁殖时，采用出厂加氯。

二、污水处理系统

1. 污水处理的基本方法

所谓污水处理，就是采用各种技术手段，将污水中的污染物质分离出来，或将其转化为无害物质，从而使污水得到净化。按其作用原理，污水处理的基本方法可分为物理法、化学法和生物法三种。

物理法：它是利用物理作用，分离去除污水中主要呈悬浮状态的固体污染物质。属于这类处理方法的有重力分离法，离心分离法，过滤法等。其优点是：构筑物较简单，造价低，处理效果比较稳定，是污水处理中常用的基本方法。缺点是：处理程度低。该处理方法通常作为污水的预处理，如生物处理前的预处理等，所以又称为一级处理。

生物法：它是利用微生物的生命活动，将污水中的有机物分解氧化为无机物，使污水得到净化。属于这类污水处理的主要方法有活性污泥法和生物膜法二种。其优点是处理效果较好。缺点是：运行管理比较复杂，对被处理的污水水质有一定的要求，因此，有些污水就不宜采用这种方法。该处理方法在城镇污水处理厂中得到广泛采用，通常作为污水经物理法处理后的进一步处理措施，使污水进一步得到净化，所以又称二级处理。

从以上简述可以看到，由于污水中的污染物质是多种多样的，只采用一种处理方法不能把所有的污染物质除净，一种污水往往需要通过几种方法组成的处理系统，才能达到处理要求的程度。经过一级处理的污水，还达不到排放水体的要求，所以还必须进行二级处理。一级和二级处理法，是城镇污水处理经常采用的，所以又称为常规处理法。

化学法：它是利用化学反应的作用处理或回收污水中的污染物质。属于这类污水处理的主要方法有：混凝、中和、氧化还原、萃取、吸附及离子交换等。其优点是处理效果好，运行管理简便。缺点是处理费用高。化学处理法多用于处理工业生产污水。对于城镇污水，化学法可用作三级处理。进行污水的三级处理往往是以污水的回收或复用为目的，不属于常规处理之列。

2. 物理处理法

如上所述，物理处理法的去除对象是污水中呈悬浮固体状态的污染物质，属于一级处理。它的具体方法很多，常用的是筛滤截留和沉淀，相应的处理构筑物有：格栅、沉砂池、沉淀池等。

图 1-16 为城镇污水物理处理流程示意。它由格栅、沉砂池、沉淀池等构筑物所组成。它的处理过程是：被处理的污水首先经过格栅，截流粗大的污物；再进入沉砂池沉下砂粒或较大的固体物质；然后再进入沉淀池去除大部分较轻的悬浮有机物。经过沉淀池处理的污水达到一级处理要求。沉淀池中的沉泥（又称污泥）进入浓缩池、消化池和脱水设备处理。污泥在消化池里进行发酵产生沼气作为气体燃料。

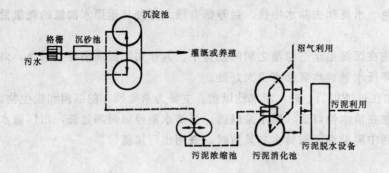

图 1-16 城镇污水物理处理流程示意图

3. 生物处理法

（1）概述：在自然界中，存在着大量依靠有机物生存的微生物，他们具有分解氧化有机物的巨大能力，污水的生物处理就是依靠这些微生物来完成。当被处理的污水与微生物接触后，因微生物吸附能力很强，能在较短时间内将污水中大部分的有机物吸附住，这些被吸附的有机物中，能溶解于水的部分直接被微生物所吸收，而一些不溶于水的有机物，在微生物的作用下，先被分解成分子量小的可溶性有机物，然后再被吸收。微生物就是通过本身的生命活动，以污水中的有机污物作为"食粮"，分离、吸收了污水中的有机物，达到了污水净化的效果。这种微生物的生物化学反应过程，就是生物处理法的机理。

典型的污水生物处理法为活性污泥法。

活性污泥法的典型处理构筑物是曝气池。

（2）活性污泥法：活性污泥法是处理城镇生活污水行之有效的生物处理法。

在生活污水中注入空气进行曝气，经过一定时间之后，污水中就会生成一种絮绒体，它主要由大量繁殖的微生物群体所构成，这种絮绒体易于沉淀分离（与净水中的混凝絮凝体相似），使污水得到澄清。这些由微生物所构成的絮绒体就是"活性污泥"。

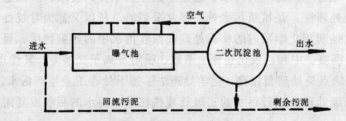

图 1-17 活性污泥法基本流程

活性污泥法的基本处理流程如图 1-17 所示。

（3）曝气方法：曝气方法有两种：压缩空气曝气法和机械曝气法。

曝气在曝气池中进行。曝气池的空气供应系统由加压设备（鼓风机）、布气设备和连接这两组设备的空气管道所组成。布气设备设在曝气池内，其作用是把压缩空气以气泡形式送入池中。

依靠机械在池内搅水达到曝气作用的方法称为机械曝气法。通过机械的搅动，可以增加混合液与大气的接触机会，从而提高氧气在池内的溶解速度。机械曝气设备可归纳为曝气叶轮和曝气转刷两类。曝气叶轮具有构造简单，运行管理方便，充氧效率高等特点，是常用的曝气设备。

　4. 污水处理工艺流程

　　污水处理厂的工艺流程是指在达到所要求的处理程度的前提下，各种污水处理构筑物的有机组合。而所要求的处理程度则与处理后污水的出路和水体的自净能力密切有关。污水处理工艺流程以二级处理为主体，而一级处理作为预处理。城镇污水处理的典型流程如图 1-18 所示。

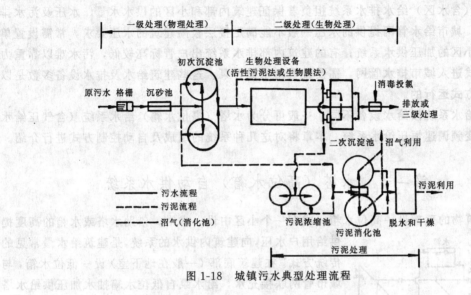

图 1-18　城镇污水典型处理流程

思 考 题 与 习 题

　1. 给水排水工程的任务是什么？

　2. 何为建筑给水排水系统？它有那些基本的组成部分？

　3. 建筑给水排水与城市给水排水的区别与分工是什么？

　4. 建筑给水有那几种主要的方式？

　5. 何为离心泵的工况点？

　6. 在给水排水工程中，水泵站的作用是什么？

　7. 给水管网的作用是什么？

　8. 何为水处理系统？

　9. 典型的给水处理系统由那几部分组成？

　10. 污水处理系统的任务是什么？

第二章　建筑给水排水控制技术

建筑（含水区）给水排水系统担负着保证建筑内部和小区的供水水量、水压及污水排放的任务。城市给水管网提供的水压一般不能满足楼层较高建筑的水压要求，常需设置单独建筑或小区的加压供水系统；有的建筑内部排水系统出户管标高较低，污水难以靠重力自流的方式进入城市排水管网，需要设置污水提升泵。这些建筑给水及排水设备多数是以自动控制方式运行的。

建筑给水系统按给水设备不同，一般可分为水塔（高位水箱）给水系统（含气压给水系统）和变频调速恒压给水系统。本章将对这几种系统的组成及自动控制方式进行介绍。

第一节　水塔（高位水箱）自动供水系统

在建筑物的顶部设一高位水箱，或在一个小区中设一水塔，借助水塔或水箱的高度提供给用户水压，向建筑内供水的系统，是建筑给水最常见的传统方式。在建筑底部（一般在地下室）设一低位水箱，与城市管网联接充水，给水泵自低位水箱抽水加压供给水塔（水箱）。水塔（水箱）供水系统示意于图 2-1。给水泵是间歇工作的。一般按水塔（水箱）中的贮水情况及低水箱的水位情况决定水泵的开停，时刻保证用户的用水要求。水泵的开停控制可以采用典型的双位逻辑控制系统实现。

气压给水是近十余年来出现的新供水方式。它以密闭的气压水罐取代高位水箱，安装位置灵活。这种供水方式的自动控制原理与水塔（高位水箱）自动供水系统相近，故也在这一节中进行介绍。

一、水压（水位）检测装置

在水塔（水箱）等给水系统的控制设备中，水压（水位）检测是关键性的问题。在此对水压（水位）的测量问题进行专门介绍。

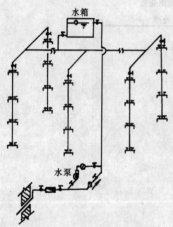

图 2-1　泵和水箱的
联合给水方式

（一）水压的测量

1. 压力的单位

水压的检测和控制是保证供水系统水压要求，并使之经济运行的必要条件。另外，还有一些其他过程参数，如流量等往往可以通过压力来间接反映。所以，压力的测量在给水排水生产过程自动化中具有特殊的地位。

在压力检测中，通常有绝对压力、表压（相对压力）、负压或真空度等名词。绝对压力是指介质所受的实际压力，表压是指高于大气压的绝对压力与大气压力之差，即

$$P_{表} = P_{绝} - P_{大}$$

负压或真空度是指大气压与低于大气压的绝对压力之差，即

$$P_{真} = P_{大} - P_{绝}$$

图 2-2 所示的是表压力、绝对压力、负压力（真空度）的关系。

在给水排水工程上常用的压力单位有：

a. 帕（Pa），这是国际制（SI）单位，即 1N 力垂直而均匀地作用在 $1m^2$ 面积上所产生的压力，用 N/m^2 表示。通常在生产上用 MPa 为单位，$1MPa = 10^6Pa$。

b. 米水柱（mH_2O），即在 $1cm^2$ 的面积上，由高度 1m 水的重量所产生的压力。这是给水排水工程中经常采用的单位。

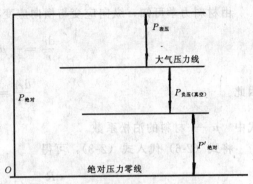

图 2-2　各种压力的关系

在工业上检测压力的主要常用方法有：以流体静力学理论为基础的液柱测压法；根据弹性元件受力变形原理的弹性变形测压法；将被测压力转换成各种电量的电测法等。

由于生产过程中测量压力的范围很宽，测量的条件和精度要求各异，所以压力检测仪表的种类非常丰富，在此不可能一一介绍，下面主要介绍几种较为适合于自动化监控用的压力计。

2. 电气式压力计

把压力转换为电阻、电容、电感或电势等电量，从而实现压力的间接测量的压力计叫做电气式压力计。这种压力计反应较快，测量范围较广、可测 $0.7 \times 10^{-10}MPa$ 至 0.5×10^3MPa，精度也可达 0.2%，便于远距离传送，所以在生产过程中可以实现压力自动检测、自动控制和报警，适用于测量压力变化快、脉动压力、高真空和超高压的场合。

（1）应变片式压力计：应变片式压力计利用电阻应变片将被测压力转换为电阻值的变化，再通过桥式电路获得 mV 级的电量输出，然后由二次仪表显示或记录。

a. 电阻应变片原理　一根截面积为 A，长度为 l 的金属丝，其电阻

$$R = \rho \frac{l}{A} \tag{2-1}$$

式中　ρ——金属丝的电阻率。

当金属丝受到外力作用时，则要发生应变，总的电阻值就要改变，这就是金属丝的应变效应，对式（2-1）微分，得

$$dR = \frac{lAd\rho + \rho Adl - \rho ldA}{A^2} \tag{2-2}$$

若用相对变化量表示，则为

$$\frac{dR}{R} = \frac{dl}{l} + \frac{d\rho}{\rho} - \frac{dA}{A} \tag{2-3}$$

由于 $dA = 2\pi rdr$，

则
$$\frac{\mathrm{d}A}{A} = 2\frac{\mathrm{d}r}{r} \tag{2-4}$$

式中　r——金属丝导体的半径。

由材料力学可知，纵向应变与横向应变有如下关系：

$$\frac{\mathrm{d}r}{r} = -\mu\frac{\mathrm{d}l}{l} = -\mu\varepsilon \tag{2-5}$$

因此
$$\frac{\mathrm{d}A}{A} = -2\mu\varepsilon \tag{2-6}$$

式中　μ——材料的泊松系数。

将式（2-6）代入式（2-3），可得

$$\frac{\mathrm{d}R}{R} = (1 + 2\mu)\varepsilon + \frac{\mathrm{d}\rho}{\rho} \tag{2-7}$$

将式（2-7）两边除以 $\frac{\mathrm{d}l}{l}$（$=\varepsilon$），得

$$K = \frac{\frac{\mathrm{d}R}{R}}{\varepsilon} = (1 + 2\mu) + \frac{\frac{\mathrm{d}\rho}{\rho}}{\varepsilon} \tag{2-8}$$

式中　K——应变系数或灵敏度系数，它表示金属丝导体产生应变时，电阻相对变化量。对于金属材料来说，$\frac{\mathrm{d}\rho}{\rho} \ll 1$，即压阻应很小，电阻变化主要是由应变效应引起的，即 $K = 1 + 2\mu$。对于大多数金属来说，K 值较小。对于半导体来说，由于压阻效应很大，应变效应可以忽略，所以 $K \approx \frac{\mathrm{d}\rho}{\rho}/\varepsilon$。

　　b. 测量桥路　如图 2-3（a）所示，两片应变片 R_1、R_2 分别以轴向和径向用特殊胶合剂固定在应变筒 1 的上端与外壳 2 固定在一起，其下端与不锈钢密封片 3 紧密连接，应变片与筒体保持绝缘。当被测压力 p 作用于膜片时，引起应变筒受压变形，从而使 R_1、R_2 阻值发生变化。R_1、R_2 与固定电阻 R_3、R_4 组成测量桥路，如图 2-3（b）所示。当 $R_1 = R_2$ 时，测量桥路平衡，故其输出为零；当 R_1、R_2 阻值变化不等时，测量桥路输出不平衡电压信号。应变式压力计就是根据该输出电压信号随压力变化实现压力的间接测量。

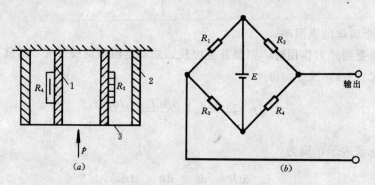

图 2-3　应变片式压力计示意图

（2）霍尔片式压力计：霍尔片式压力计运用霍尔元件的霍尔效应，把被测压力作用下

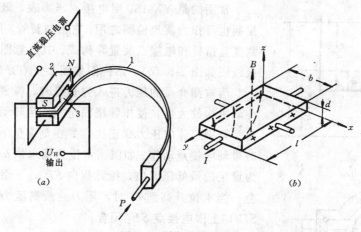

图 2-4　霍尔片式压力计
1—弹簧管；2—磁钢；3—霍尔片

所产生的弹性元件位移转换为电势输出。

如图 2-4 (b) 所示，半导体单晶片沿 z 轴方向被置于恒定磁场 B 中。如果在它的 x 轴方向接入直流稳压电源，并有恒定电流沿 y 轴方向流过，则在晶体的 x 轴方向出现电势，这种现象称为霍尔效应，所产生的电势称为霍尔电势，单晶体片称为霍尔元件或霍尔片。

霍尔电势的产生是因为在霍尔片中流过控制电流，电子在霍尔片中运动时受到磁场力（方向可由左手定则确定）的作用，其运动方向发生偏移。所以，在霍尔片的一个端面上造成电子积累，另一个端面上出现正电荷过剩，于是在霍尔片的 x 轴方向出现电位差（即霍尔电势）。显然，控制电流 I 愈大，磁场强度 B 愈强，则霍尔片中偏转的电子愈多，霍尔电势 U_H 愈大。其关系式为：

$$U_H = K_H I B \qquad (2\text{-}9)$$

式中　K_H——霍尔系数，它与元件材料、几何尺寸有关。

由式 (2-9) 可知，对于选定的霍尔元件，若输入一恒定电流 I，则输出电势 U_H 与磁场强度 B 成正比。

图 2-4 (a) 所示为霍尔片式压力计原理图，它由霍尔元件与弹簧管组成，弹簧管 1 与霍尔片 3 相连接，被测压力 p 从弹簧管的固定端引入，在霍尔元件的上下垂直方向安放两对磁极，在它右侧一对磁极所产生的磁场方向向下，左侧一对磁极所产生的磁场方向向上，形成一个差动磁场。当霍尔元件处于极靴间的中央平衡位置时，霍尔元件两端通过的磁通大小相等，方向相反，所以产生的霍尔电势 (U_H) 之代数和为零；当霍尔元件由弹簧管带动偏离中央位置时，霍尔元件就产生正比于位移的霍尔电势；当弹簧管的位移与被测压力成正比时，则霍尔元件就产生正比于压力的霍尔电势。当霍尔元件由弹簧管带动偏离中央位置时，霍尔输出与被测压力成正比。从而实现了压力——位移——电势的转换。

由于霍尔元件受温度影响较大，所以在实际使用中应对霍尔元件采取恒温或其他温度补偿措施，以补偿环境温度变化对霍尔电势的影响。

3. 电接点压力表

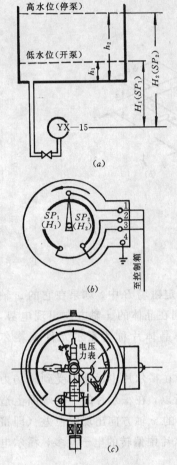

图 2-5 电接点压力表
(a) 示意图;(b) 接线图;
(c) 结构图

常用的是 YX-150 型电接点压力表,既可以作为压力控制也可作为就地检测之用。它由弹簧管、传动放大机构、刻度盘指针和电接点装置等构成。其示意图如图 2-5 (a),接线图如图 2-5 (b),结构图如图 2-5 (c) 所示。

当被测介质的压力进入弹簧管时,弹簧产生位移,经传动机构放大后,使指针绕固定轴发生转动,转动的角度与弹簧中气体的压力成正比,并在刻度盘上指示出来,同时带动电接点动作。如图当水位为低水位 h_1 时,表的压力为设定的最低压力值,指针指向 SP_1,下限电接点 SP_1 闭合;当水位升高到 h_2 时,压力达最高压力值,指针指向 SP_2,上限电接点 SP_2 闭合。

4. 压力检测仪表的选用

(1) 仪表量程的选用:对于测量稳定压力,仪表量程上限选大于或等于 1.5 倍常用压力。对于测量交变压力,仪表量程上限选大于或等于 2 倍常用压力。或者对于测量稳定压力,仪表常用压力选 1/3~1/2 量程上限。对于测量交变压力,仪表常用压力选不大于 1/2 量程上限。

(2) 仪表精度的选用:对于工业用仪表,其精度选 1.5 级或 2.5 级。

对于实验室或校验用仪表,其精度选 0.4 级及 0.25 级以上。

(3) 根据测量介质性质及使用条件选用:对于测量腐蚀性介质,可选用防腐型压力计或加防腐隔离装置。

对于测量粘性、结晶及易堵介质,可选用膜片式压力计或加隔离装置。

对于使用于防爆场合,选用防爆式压力计。

对于测量高温蒸气,可加隔离装置。

(4) 其他:当要求压力检测仪表具有指示、记录、报警和远传等功能时,则可以选用具有相应功能的压力表。

(二) 液位检测仪表

液面高度的确定是给水排水工程中的常见测量项目。通过液位的测量可以知道容器里的原料、成品或半成品的数量,以便调节容器中流入流出物料的平衡,保证生产过程中各环节所需的物料或进行经济核算;另外,通过液位的测量,可以了解生产是否正常进行,以便及时监视或控制容器液位,保证安全生产,以及产品的质量和数量。

液位测量的常用装置包括各种液位计和通断式水位开关。液位计可以连续测量液面高度,给出液位指示信号。水位开关也叫液位开关,又可称液位信号器。它是控制液体的位式开关,即是

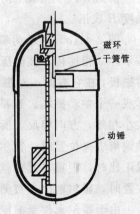

图 2-6 浮球外形
结构示意

随液位变动而改变通断状态的有触点开关。按结构区别，液位开关有磁性开关（称干式舌簧管）、水银开关和电极式开关等几大类。

水位开关（水位信号控制器）常与各种有触点或无触点电气元件组成各种位式电气控制箱。按采用的元件区别，国产的位式电气控制箱一般有继电—接触型、晶体管型和集成电路型等。

1. 浮球磁性开关

浮球磁性开关有不同系列。这里以 FQS 系列浮球磁性开关为例，说明其构造及原理。

FQS 系列浮球磁性开关主要由工程塑料浮球、外接导线、密封在浮球内的装置（干式舌簧管、磁环和动锤等）组成。图 2-6 为其外形及结构图。

由于磁环轴向已充磁，其安装位置偏离舌簧管中心，又因磁环厚度小于舌簧管一根簧片的长度，所以磁环产生的磁场几乎全部从单根簧片上通过，磁力线被短路，两簧片之间无吸力，干簧管接点处于断开状态。当动锤靠紧磁环时，可视为磁环厚度增加，此时两簧片被磁化，产生相反的极性而相互吸合，干簧管接点处于闭合状态。

当液位在下限时，浮球正置，动锤依靠自重位于浮球下部，干簧管接点处于断开状态。当液位上升过程中，浮球由于动锤在下部，重心在下，基本保持正置状态不变。

当液位接近上限时，由于浮球被支持点和导线拉住，便逐渐倾斜。当浮球刚超过水平测量位置时，位于浮球内的动锤靠自重向下滑动使浮球的重心在上部，迅速翻转而倒置，同时干簧管接点吸合，浮球状态保持不变。

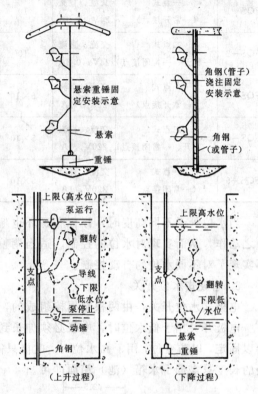

图 2-7　FQS 系列浮球磁性
开关安装示意

当液位渐渐下降到接近下限时，由于浮球本身由支点拖住，浮球开始向正方置向倾斜。当越过水平测量位置时，浮球的动锤又迅速下滑使浮球翻转成正置，同时干簧接点断开。调节支点的位置和导线的长度就可以调节液位的控制范围。同样采用多个浮球开关分别设置在不同的液位上，各自给出液位信号，可以对液位进行控制和监视。其安装示意图如图 2-7 所示。其主要技术数据见表 2-1。

这种开关具有动作范围大、调整方便、使用安全、寿命长等优点。

2. 浮子式磁性开关（又称干簧式水位开关）

浮子式磁性开关由磁环、浮标、干簧管及干簧接点、上下限位环等构成，如图 2-8 所示。干簧管装于塑料导管中，用两个半圆截面的木棒开孔固定，连接导线沿木棒中间所开槽引上，由导管顶部引出。塑料导管必须密封，管顶箱面应加安全罩，导管可用支架固定在水箱扶梯上，磁环装于管外周可随液体升降而浮动的浮标中。干簧管有两个、三个及四个不等。其干簧触点常开常闭数目也不同。图 2-9 为简易浮子式磁性开关的安装示意图。

FQS 系列浮球磁性开关规格型号、技术数据、外形尺寸及重量　　　表 2-1

型号	输出信号	接点电压及容量	寿命（次）	调节范围（m）	使用环境温度（℃）	外形尺寸（mm）	重量（kg）
FQS—1	一点式（一常开接点）	交流、直流24V，0.3A	10^7	0.3～5	0～+60	$\phi83\times165$	0.465
FQS—2	二点式（一常开、一常闭接点）	交流、直流24V，0.3A	10^7	0.3～5	0～+60	$\phi83\times165$	0.493
FQS—3	一点式（一常开接点）	交流、直流220V，1A	5×10^4	0.3～5	0～+60	$\phi83\times165$	0.47
FQS—4	二点式（一常开、一常闭接点）	交流、直流220V，1A	5×10^4	0.3～5	0～+60	$\phi83\times165$	0.497
FQS—5	一点式（一常闭接点）	交流、直流220V，1A	5×10^4	0.3～5	0～+60	$\phi83\times165$	0.47

当水位处于不同高度时，浮标和磁环也随水位变化，于是磁环磁场作用于干簧接点而使之动作，从而实现对水位的控制。适当调整限位环即可改变上下限干簧接点的距离，从而实现了对不同水位的自动控制。

3．电极式水位开关

电极式水位开关是由两根金属棒组成的，如图 2-10 所示。

电极开关用于低水位时，电极必须伸长到给定的水位下限，故电极较长，需要在下部给以固定，以防变位；用于高水位时，电极只需伸到给定的水位上限即可；用于满水时，电极的长度只需低于水箱（池）箱面即可。

电极的工作电压可以采用 36V 安全电压，也可直接接入 380V 三相四线制电网的 220V 控制电路中，即一根电极通过继电器 220V 线圈接于相线，而另一根电极接零线。由于一对接点的两

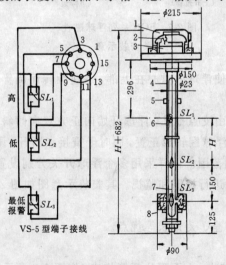

图 2-8　VS—5 型水位开关
外形及端子接线

1—盖；2—接线柱；3—连接法兰；4—导向管；5—限位环；6、7—干式舌簧接点；8—浮子

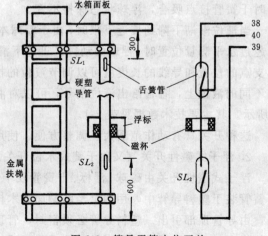

图 2-9　简易干簧水位开关

26

根电极处于同一水平高程，水总是同时浸触两根电极的，因此，在正常情况下金属容器及其内部的水皆处于零电位。

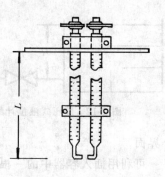

图 2-10　简易电极式水位开关

为保证安全，接零线的电极和盛水的金属容器必须可靠接地（接地电阻不大于 10Ω）。

电极开关的特点是：制作简单、安装容易、成本低廉、工作可靠。

4. 晶体管液位继电器

晶体管液位继电器是利用水的导电性能制成的电子式水位信号器。它由组件式八角板和不锈钢电极构成，八角板中有继电器和电子器件，不锈钢电极长短可调，如图 2-11 所示。

当水位低于低水位时，三个长短电极均不在水中，故三极管 V_2 基极呈高电位，V_2 截止，V_2 的集电极呈低电位，V_1 的基极呈低电位，V_1 导通；V_1 的集电极电流流过继电器 KA_1 的线圈，使 KA_1 触头动作。当水位处于高低水位之间时，虽然长电极已浸在水中，但是短电极仍不在水中，其 V_2 基极仍呈高电位，KA_1 继续通电。

当水位高于高水位时，三个电极均浸在水中，由于水的导电性将水箱壁低电位引至电极上，使 KA_1 的 5—7 短接，于是 V_2 基极呈低电位，V_2 导通，V_1 截止，KA_1 线圈失电，其触头复位。

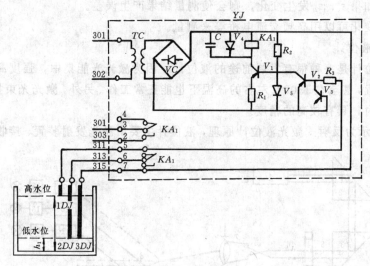

图 2-11　JYB 晶体管液位继电器电路图

5. 静压式液位计

静压式液位计在工业生产上获得了广泛的应用，因为对于不可压缩的液体，液位高度与液体的静压力成正比。所以，测出液体的静压力，即可知道液位高度。

图 2-12 所示为开口容器的液位测量。压力计与容器底部相连，由压力计指示的压力大小，即可知道液位高度。其关系为：

$$H = \frac{p}{\gamma} \tag{2-10}$$

式中　H——液位高度；

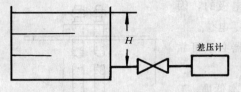

图 2-12　静压式液位计原理图

γ——液体重度；

p——容器内取压平面上的静压力。

6. 电容式液位计

在平行板电容器之间充以不同介质时，其电容量的大小是不同的。所以，可以用测量电容量的变化来检测液位或两种不同介质的液位分界面。

可利用插入容器中的一根导体与容器壁作为两个电极来测量液位，其总电容量

$$C = Kh_1\varepsilon + K(h - h_1)\varepsilon_2 = Kh\varepsilon_1 - Kh_1(\varepsilon_1 - \varepsilon_2) \qquad (2\text{-}11)$$

式中　K——常数，与电极的尺寸、形状有关；

　　　ε_1——被测液体的介电系数；

　　　ε_2——气体的介电系数；

　　　h——电极总高度；

　　　h_1——浸入液体中的电极高度。

在实际应用中，电极的尺寸、形状已定，介电系数亦是基本不变的，所以测量电容量的变化就可知道液位的高低。当电极几何形状及尺寸一定时，如果 ε_1、ε_2 相差愈大，则仪表灵敏度愈高；如果 ε_1、ε_2 发生变化，则会使测量结果产生误差。

电容量的变化可以用高频交流电桥等来测量。

7. 激光式液位计

激光式液位计是一种很有发展前途的液位计，因为激光光能集中，强度高，而且不易受外来光线干扰，甚至在 1500℃ 左右的高温下也能正常工作。另外，激光光束扩散很小，在定点控制液位时，具有较高的精度。

图 2-13 所示为反射式激光液位计原理，液位计主要由激光发射装置、接收装置和控制

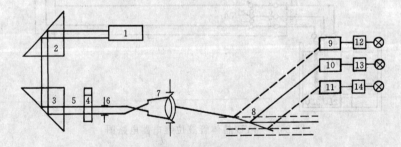

图 2-13　反射式激光液位计原理图

1—激光管；2、3—直角棱镜；4—盘式折光器；5—光束；6—聚光小
球；7—双胶合望远镜；8—被控制液位；9—上限硅光电池；10—正常
硅光电池；11—下限硅光电池；12、13、14—放大器

部分组成，控制精度为 ±2mm。当氦氖激光管 1 反射出激光光束，经两个直角棱镜 2、3 折光后，射入光束 5 经盘式折光器 4 成为光脉冲，再经聚光小球 6 聚成很小的光点，由双胶合望远镜 7 将光束按 10 度左右的斜度投射于被测液面上。当被测液位正常时，光点反射聚焦在接收器的中间硅光电池 10 上，经放大器 13 放大后使正常信号灯亮；当被测液面高于

正常液面时，光点反射升高，被上限硅光电池 9 接收，经放大器 12 放大后使上限报警灯亮；反之，则下限报警灯亮，控制执行机构改变进料量。上、下光电池间的距离，可根据光点的大小和控制精度进行上、下调整。

8. 液位检测仪表的选用

（1）检测精度：对用于计量和经济核算的，应选用精度等级较高的液位检测仪表，如超声波液位计的误差为±2mm。对于一般检测精度，可以选用其他液位计。

（2）工作条件：对于测量高温、高压、低温、高粘度、腐蚀性、泥浆等特殊介质，或在用其他方法难以检测的各种恶劣条件下的特殊场合，可以选用电容式液位计等。对于一般情况，可选用其他液位计。

（3）测量范围：如果测量范围较大，可选用电容式液位计。对于测量范围在 2m 以上的一般介质，可选用差压式液位计等。

（4）刻度选择：在选择刻度时，最高液位或上限报警点为最大刻度的 90%；正常液位为最大刻度的 50%；最低液位或下限报警点为最大刻度的 10%。

在具体选用液位检测仪表时一般还须考虑：容器的条件（形状、大小）；测量介质的状态（重度、粘度、温度、压力及液位变化）；现场安装条件（安装位置，周围有否振动冲击等）；安全性（防火、防爆等）；信号输出方式（现场显示或远距离显示，变送或调节）等问题。

二、逻辑控制系统组成与设计

以一建筑物采用的由高低水箱组成的给水系统为例。在屋顶设高位水箱，提供用户用水并保证水压要求；在低处（地下室）设一低水箱，室外管网来水进入低水箱，然后由给水泵从低水箱抽水向高位水箱补水。水泵的运行工况由高低两个水箱的水位决定，系统示于图 2-14。

控制系统分半自动控制和自动控制两种方式运行。所谓半自动控制就是由人工发出启动或停止的脉冲（信号），此后机组及闸门的启动、停止和控制操作则按着预先规定的程序自动进行。自动控制是指水泵房内的水泵机组，通过控制仪表设备，根据给定的泵站条件，自动启动或停止运行，无需人工进行操作。

对控制系统的具体要求是：

（1）为实现半自动方式控制水泵的开停，设手动按钮 m、a；

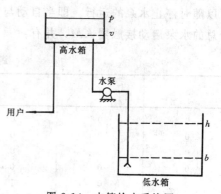

图 2-14　水箱给水系统图

（2）可以按水位变化自动控制水泵的开停，设水位开关 p、v、h、b；

（3）对低位水箱水位的限制：当低水箱水位低于 b 时，低水箱处于缺水状态，水泵必须停止；当低水箱水位高于 h 时，低水箱处于充满状态，允许水泵启动。

（4）对高位水箱水位的限制：当水位低于 v 时，高水箱处于放空状态，水泵可以启动供水；当水位高于 p 时，高水箱充满，水泵应该停止供水。

上述关于高、低水箱水位的两组要求（3）、（4）应同时满足。水泵的运行情况依此条件确定。

控制方案：先不考虑手动控制，分析自动控制的情况。对工况过程分析可知，这是一个有记忆的逻辑控制系统，需有一个描述水泵当前状况的变量，用 MP_{t-1} 表示。这样加上 4 个水位开关，共有 p、v、h、b、MP_{t-1} 5 个变量，决定水泵自动开停。水泵的工况改变，用交流接触器实现，以 MP 表示。5 个变量，共 $2^5 = 32$ 种可能的逻辑组合。可根据前述要求，确定每种组合应有的逻辑结果，如逻辑运算表（表 2-2）所示。

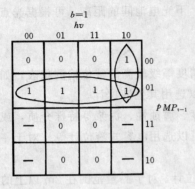

图 2-15　卡诺图

其中：前 16 种组合，皆为低水箱缺水状态，水泵不允许启动，MP 逻辑值均为 0；后 16 种组合中，第 3、4、11、12 四项不符合实际情况，只在故障情况下才会发生，不予考虑。依运算表可画出描述逻辑关系的卡诺图。为简化起见，仅画出 $b=1$ 的部分（$b=0$ 时，MP 恒等于 0），共有 16 个格，如图 2-15 所示。于是有逻辑表达式：

$$MP = b(h\,\overline{vp} + \overline{p} \cdot MP_{t-1}) = \overline{p}b(h\overline{v} + MP_{t-1})$$

将 MP_{t-1} 以 MP 继电器的一个副触点 mp 代替，则有：

$$MP = \overline{p} \cdot b(h\overline{v} + mp)$$

再考虑半自动控制的情况，另设一个半自动控制用的交流接触器 KA。半自动控制系统的逻辑表达式为：

$$KA = \overline{a}(m + ka)$$

其中 m、a 分别为人工启动与停止按钮。

根据要求，水泵应在半自动启动后，才允许按水位的变化自动运行；半自动控制也应可以随时停止水泵的运行。即半自动与自动两种控制方式应是逻辑乘的关系，于是再设一个总的水泵启动接触器 KM，并有：

逻 辑 运 算 表　　　　　　　　　表 2-2

a	h	v	p	MP_{t-1}	MP
0	0	0	0	0	0
0	0	0	0	1	0
0	0	0	1	0	—
0	0	0	1	1	—
0	0	1	0	0	0
0	0	1	0	1	0
0	0	1	1	0	—
0	0	1	1	1	—
0	1	0	0	0	—
0	1	0	0	1	—
0	1	0	1	0	—
0	1	0	1	1	—
0	1	1	0	0	0
0	1	1	0	1	0
0	1	1	1	0	—

a	h	v	p	MP_{t-1}	MP
0	1	1	1	1	—
1	0	0	0	0	0
1	0	0	0	1	1
1	0	0	1	0	—
1	0	0	1	1	—
1	0	1	0	0	0
1	0	1	0	1	1
1	0	1	1	0	0
1	0	1	1	1	0
1	1	0	0	0	1
1	1	0	0	1	—
1	1	0	1	0	0
1	1	0	1	1	0
1	1	1	0	0	1
1	1	1	0	1	1
1	1	1	1	0	0
1	1	1	1	1	0

$$KM = KA \cdot MP$$

这样，总的控制线路如图 2-16。

当然，上图仅是控制线路的基本部分。一个完整的控制系统，还应包括各种声、光报警装置、保护装置；水位开关继电器应采用 24V 低压系统，以保证安全，等等。此处不再详述。

这种双位控制系统是水塔（水箱）给水设施中常见的控制方式。然而，这种双位控制效率较低，只依高低水位两种状态进行开关控制，供水水压波动较大，有一部分水头浪费了，从而多耗能；水泵可能会较频繁地开停，也不适合于较大型水泵的运行控制。要实现更精确、更高效的控制，应选用更高级的控制系统。

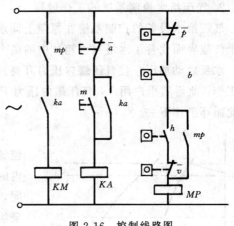

图 2-16 控制线路图

三、气压给水系统的控制

1. 气压给水设备的构成

气压给水设备是一种局部升压设备，可以代替水塔或水箱。气压给水设备由气压罐、补气系统、管路阀门系统、加压系统和电控系统所组成。如图 2-17 所示。

它是利用密闭的钢罐，由水泵将水压入罐内，靠罐内被压缩的空气压力将贮存的水送入给水管网。但随着水量的减少，水位下降，罐内的空气比容增大，压力逐渐减小。当压力下降到设定的最小工作压力时，水泵便在压力继电器作用下启动，将水压入罐内。当罐内压力上升到设定的最大工作压力时，水泵停止工作，如此重复工作。

气压给水罐内的空气与水直接接触，在运行过程中，空气由于损失和溶解于水而减少，

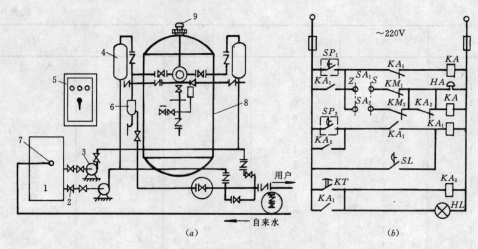

图 2-17　气压给水系统自动控制

(a) 系统示意；(b) 水位信号电路

1—水池；2—闸阀；3—水泵；4—补气罐；5—电控箱；6—呼吸阀；

7—液位报警器；8—气压罐；9—压力控制器

当罐内空气压力不足时，经呼吸阀自动增压补气。

　　气压罐可以视情况置于任何方便的位置，从而在一定程度上避免了水塔（水箱）必须架设很高的问题。

　　2. 气压给水控制系统的工作过程

　　气压给水设备的控制系统在原理上同水塔（水箱）设备是一致的。只是以气压罐中的两个气液界面代替了水塔（水箱）中的两个自由液位。当气压罐中的气液界面低于限定值时，水泵启动加压，使气压罐内压力升高；当压力升高使气液界面达到限定值时，水泵停止工作；此后随用户用水，气压罐内压力下降，至气液界面降至限定值时，水泵再次启动。如此循环工作下去。

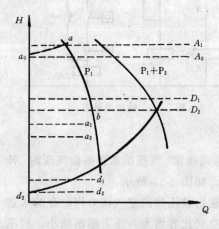

图 2-18　气压给水两种压力
控制点的比较

气压给水系统设计的一个问题是气压罐的安装位置，它实际上是控制系统的压力控制点（气压罐内的水位检测装置）的位置选择问题。安装位置不同，会影响到系统的工作特性。以由两台同型号水泵组成的系统为例。气压罐与水泵同设于水泵房中。图 2-18 中纵坐标以绝对水压标高表示，A_1、A_2、D_1、D_2 分别称为水泵 P_1 和 P_2 的停止和启动压力控制线。由图可见，水泵运行时，水泵工作点在 $a \sim b$ 之间变动，相应泵出口压力变化范围是在 $A_1 \sim D_2$ 之间。D_2 是供水的最低压力，按用户要求的最低水压推求确定；D_1、A_1、A_2 则由 D_2 向上推出，其差值是产品的特性参数。现行产品该压力变幅（$D_2 - A_1$）多为 10～12m。高于 D_2 以上部分的水压超过用户的要求，造成能量的浪费；供水压力的波动还影响使用的方便和给水系统配件的寿命。若将气压罐设于靠近用户处，则上述问题会有明显改观。两种情况的工况特性对比见图 2-18，d_2 为用户要求的最小水压，若在纵坐标上以 d_2 为起点，通过管路特性曲线交于水泵 P_1+P_2 的合成特性曲线上，该交点水压是水泵出口的最低水压 D_2。即为保证用户最不利点的水压要求 d_2，泵出口的最低水压必须达到 D_2。以 d_2 为起点向上依次推求水泵的停止和启动压力控制线 a_1、a_2、d_1，最不利点水压在 $a_1 \sim d_2$ 之间变化；而气压罐设于靠近水泵出口时，可由管路特性曲线反推回相应的最不利点水压在 $a_0 \sim d_2$ 之间变动。虽然两种控制方式都可满足用户的最低水压要求，但显然以气压罐设于用户处的水压变化明显减小。

因此，从稳定用户水压出发，以将气压罐与水泵分设，气压罐置于靠近用户处为好，且位置尽可能高，这样既可稳定用户水压，还有利于减小罐容积并降低罐内承压。有：

$$V = W \cdot \frac{\beta}{1-\alpha} \tag{2-12}$$

式中　V——气压罐总容积，m^3；

　　　W——设计调节容积，m^3，由设计最大供水量及水泵每小时最大启动次数确定；

　　　α——设计罐内最小与最大压力的比例（绝对压力），$\alpha = \dfrac{P_1}{P_2}$；

　　　β——容积附加系数，$\beta = \dfrac{P_1}{P_0}$（P_0 为罐内无水时的气体压力）。

可见，在罐内压力控制差（$P_2 - P_1$）不变的条件下，气压罐设于用户处与泵站处的容积和承压是不同的，因为前者远离泵站且位置较高，P_1 相应于 d_2 对应的压力，P_2 相应于 a_1 对应的压力，显然罐内承压较低；P_1、P_2 减小，使 α 与 β 值皆下降，有利于减小 V 值。或者在一定的气压罐容积条件下，可增大有效调节容积，以减少水泵开停次数，实现节能并延长设备寿命。

3. 电气控制线路的工作情况

以图 2-17 的系统为例。令 1 号泵为工作泵，2 号泵为备用泵，将转换开关 SA 置于"Z"位，当水位低于低水位时，气压罐内压力低于设定的最低压力值，电接点压力表下限接点 SP_1 闭合，低水位继电器 KA_1 线圈通电并自锁，使接触器 KM_1 线圈通电，1 号泵电动机启动运转；当水位增加到高水位时，压力达最大设定压力，电接点压力表上限接点 SP_2 闭合，高水位继电器 KA 线圈通电，其触头将 KA_1 断开，于是 KM_1 断电释放，1 号泵电动机停止。就这样保持罐内有足够的压力，以对用户供水。SL 为浮球继电器触点，当水位高于高水位时，SL 闭合，也可将 KA 接通，使水泵停止。

在故障下 2 号泵电动机的自动投入过程如前所述，这里不再作分析。

第二节　变频调速恒压给水控制

变频调速恒压给水是近年兴起的建筑给水新技术，它取代了水塔（高位水箱）或气压罐，通过改变水泵电机转速的方式对水量和压力进行调节，可以实现对供水工况的较精确控制。

一、离心泵的常用调速技术

水泵的调速方法有多种，主要分为两类：第一类是电机转速不变，通过附加装置改变水泵的转速，如液力偶合器调速、电磁离合器调速、变速箱调速等，都属于这种类型；第二类是直接改变电机的转速，如可控硅串级调速、变频调速等。后者是在水泵站应用较多的调速形式。

1. 串级调速

异步电动机的转子绕组外接一个可变反电势，改变电动机的转速。为使反电势的频率与转子绕组的感应电势相符合，通常把转子感应电势通过三相桥式整流变为直流电，用直流电动机实现反电势的方法，称为机组串级调速。根据电能反馈的方式，串级调速又可分为下列三种形式：

（1）机械反馈机组串级调速：如果直流电动机与异步电动机同轴，使它所吸取的电能从转矩回馈到主轴，这种调速称为机械反馈机组串级调速。

（2）电气反馈机组串级调速：如果直流电动机拖动另一台异步发电机把电能反馈到电网，这种调速称为电气反馈机组串级调速。

（3）可控硅串级调速：采用可控硅逆变器实现反电势的调速方法，称为可控硅串级调速。这种调速方式可用于大型水泵的调速。我国在 70 年代末开始应用于给水排水工程中。这种方式的可靠性较低、要求有较高的维护水平，而且可产生高次谐波、污染电网、对其它用电设备造成干扰。该调速方式投资也较大。

2. 液力偶合器调速

液力偶合器调速是一种机械调速方式，可实现无级调速。液力偶合器是由主动轴、从动轴、泵轮、涡轮、旋转外壳、导流管、循环油泵等组成的。它是通过导流管控制。其调速原理是，泵轮与涡轮之间有一间隙，当流道未充油时，泵轮随主电机以 n_0 额定转速旋转，若略去空气阻力不计，涡轮与水泵转速 $n \approx 0$。当循环油泵向流道内供油后，旋转的泵轮叶片将动能通过油传给涡轮的叶片，因而带动涡轮与水泵旋转，偶合器处于工作状态。涡轮的旋转速度由流道内因离心力旋转之油环厚度而定。设计使导流管排油量大于循环泵的供油量，只要调节导流管的行程，便可改变偶合器的充油度，从而实现水泵无级变速运行，控制水泵出口的流量。这种调速方式一次性投资小，操作简便，但在低速时效率低、节能效果差，其原因是机械耗能较大，循环油泵需要耗用一部分能量。况且还需要配备一套油泵和偶合设备，占地面积较大。只宜在较小型水泵上应用。

3. 变频调速

变频调速是 80 年代水泵调速新技术。它通过改变水泵工作电源频率的方式改变水泵的转速：

$$n = \frac{120 \cdot f}{P}(1 - s) \tag{2-13}$$

式中　n——水泵电机转速；

$\quad\quad f$——电源频率；

$\quad\quad P$——电机极数；

$\quad\quad s$——转差率。

由上式可见，如均匀地改变电机定子供电频率 f，则可平滑地改变电机的同步转速。为了保持调速时电机最大转矩不变，需维持电机的磁通量恒定。这样就要求定子供电电压也要相应调节。此时要求变频器具有调压和调频两种功能。

依异步电动机在变频时的机械特性，共有四种不同的变频调速方式：

（1）保持 V_1/f_1＝常数的比例控制方式；

（2）保持 M_m＝常数的恒磁通控制方式；

（3）保持 P_d＝常数的恒功率控制方式；

（4）恒电流控制方式。

根据前人大量实践的结果，对于水泵来说保持 V_1/f_1＝常数的比例控制方式最为合适，其具体理论可查阅有关方面资料。

现在所使用的变频装置基本上采用交——直——交的型式。

在变频调速系统中根据整流方式可分为可控整流和不可控整流两种。根据无功能量的处理方式可分为电压源型和电流源型两种。

逆变器一般包括逆变电路和换流电路两部分，异步电动机变频调速系统中用的逆变器通常都是采用三相桥式逆变电路，根据工作方式的不同，一般可分为180°导电型和120°导电型。换流电路是逆变器的核心部分，它对变频装置的性能指标，工作可靠性以及装置的造价、体积方面等起着决定性的作用。在换流方式上又可分为：（1）电网电压换流；（2）负载电流换流；（3）强迫换流。其各有特点。

电流型逆变器的发展稍晚于电压型逆变器，由于电流型逆变器有许多优点，在交——直——交脉冲强迫换流（或称强迫换相）的逆变器中，受到越来越多的重视。

电流型逆变器与电压型逆变器比较有三大差别：

（1）逆变器的直流侧采用大电感 L_d 作为滤波回路，即直流电路具有较大的阻抗。因此直流电流平直，形成电流源。由于 L_d 的作用，能有效地抑制故障电流的上升率，实现较理想的保护性能。

（2）设有与逆变桥反并联的反馈两极管桥，因此，可快速实现四象限运行，适用于频繁加速、减速和变动负载的场合。

（3）逆变器依靠逆变桥内的电容器和负载电感的谐振来换流。简化了主回路的设计和制作。

由于电流型逆变器的这些主要特点，其应用日益广泛。目前，电流型逆变器多数以鼠笼型异步电动机作为负载。其中逆变器可根据负载的技术要求采用相应的电路。

变频调速具有很高的调节精度，表 2-3 是几种典型变频调速器产品的精度特性。现在变

常用变频调速器的精度特性

表 2-3

产品型号	产地厂家	微处理器位数	频率分辨率（Hz）		频率稳定性（Hz）	
			数字设定	模拟设定	数字设定	模拟设定
STARVERT—D	韩国、GOLDSTAR	16	0.01	0.01	±0.01	±0.25
SAMCO—M	日本、SANKEN	16	0.01	0.025	±0.01	±0.25
FVR—G7S	日本、FUJI	32	0.002	0.02	±0.005	±0.1

注：精度指标按变频范围 0.5～50Hz 确定。

频调速技术已在给水排水工程中获得许多应用,最为成功的应用是调节水厂投药泵的转速、实现投药量的高精度调节,以及用于建筑变频调速恒压供水。在大型的给水泵站,也有许多应用实例。这种技术目前多用于常压(380V)、小功率电机(<280kW)的调速上。在高压大型电机上的应用不太普遍,主要问题是高压大功率电机的变频调速设备价格较高。

变频调速技术的一个重要特点是可以实现水泵的"软启动",水泵从低频电源开始运转,即由低速下逐渐升速,直至达到预定工况,而不是按照常规一启动就迅速达到额定转速。软启动的工作方式对电网的干扰小,无冲击电流,也适合于在几台水泵之间进行频繁的切换操作。这种启动方式在恒压供水等情况下有独特的优点。

二、离心泵的变速工作特性

离心泵是水工业常用设备。在建筑给水系统中也得到广泛应用。

离心泵的调节可以采用变速调节或阀门调节两种方式。变速调节改变水泵的特性曲线,阀门调节则是改变管路特性曲线(图2-19)。

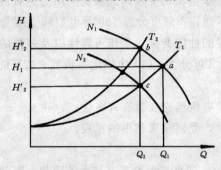

图2-19 离心泵的调节

在某一种特定的条件下,相应的水泵特性曲线与管路特性曲线的交点,即为水泵的工作点。设水泵原在转速 N_1 下工作,工作点为 T_1 和 N_1 的交点 a,流量为 Q_1,现在要求输出流量改为 Q_2。以阀门调节时,T_2 与 N_1 的交点 b 为满足 Q_2 的新工作点;若以变速方式调节,T_1 与 N_2 的交点 c 为满足 Q_2 的新工作点。b、c 之间的扬程差 $(H''_2 - H'_2)$ 代表阀门调节方式多消耗的水头,即能量的浪费。因此变速调节是节能的调节方式;而阀门调节是一种耗能的调节方式。在阀门调节情况下,当减小水泵的流量时,多余的能量靠加大阀门阻力消耗,而且其调节精度亦较低。现在随着变频调速技术的发展,已越来越多地对离心泵采用变频调速调节方式。为此本节主要讨论离心泵的变速调节问题。

1. 离心泵调速的基本关系式

根据离心泵的相似定律,在效率一定时,对应工况点存在下列关系:

$$\frac{Q_1}{Q_2} = \frac{n_1}{n_2} \tag{2-14}$$

$$\frac{H_1}{H_2} = \left(\frac{n_1}{n_2}\right)^2 \tag{2-15}$$

或者

$$\frac{H_1}{H_2} = \left(\frac{Q_1}{Q_2}\right)^2 \tag{2-16}$$

式中　　　　n_1、n_2——水泵的转速;

Q_1、H_1 及 Q_2、H_2——与 n_1、n_2 相对应的水泵特性曲线上相似工况点的流量及扬程。

上述各式表明:①对应不同的转速,有不同的水泵特性曲线,各种转速下的水泵特性曲线组成一个特性曲线族;②在不同转速的水泵特性曲线之间,存在效率相等的相似工况点,这些点之间符合式(2-14)、(2-15)、(2-16)的关系,将这些等效率点连成线,则构成等效率曲线及等效率曲线族。在理论上等效率曲线形状为抛物线(实际上离额定转速较远

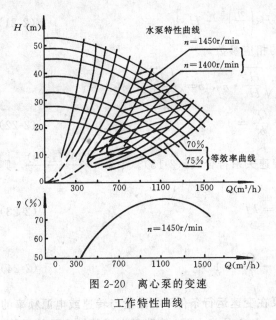

图 2-20　离心泵的变速
工作特性曲线

而靠近原点附近时,泵自身机械损耗较大,偏离上述关系)。因此,已知某一额定转速下的水泵特性曲线及效率曲线,就可推求出任一转速的特性曲线或任一等效率曲线(图 2-20)。需要指出的是,一般而言管路特性曲线不会和某一等效率曲线相重合,因此在管路特性曲线上的对应点不符合式(2-14)、(2-15)、(2-16)的关系。另外,水泵在定速条件下运转时,高效工作范围是水泵特性曲线上的一段;而在变速条件下工作,则是一个高效区域(如图 2-20 中的斜线区域效率都在 78% 以上)。给定一个允许的最低效率值,就确定了一个允许的调速工作区域,所对应的最低转速 n_η,可称为效率调速极限。当然在对高效问题要求不严的场合(如小型投药泵),水泵调速范围可适当放宽。

2. 离心泵的变频调速规律

分析最一般的非恒压非恒流工况,水泵特性曲线随转速变化,而管路特性曲线则固定不变,工况点沿管路特性曲线变动(图 2-21)。

管路特性曲线可用下式表示:

$$H = H_0 + s_g Q^2 \qquad (2\text{-}17)$$

水泵特性曲线以下式表示:

$$H = H_{bi} - s Q^2 \qquad (2\text{-}18)$$

式中　H、Q——任一工况点的扬程与流量;

　　　H_0——管路系统的几何给水高度;

　　　s_g——管路摩阻;

　　　s——水泵摩阻;

　　　H_{bi}——水泵特性曲线与纵坐标轴交点的扬

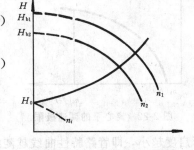

图 2-21　离心泵的调速调节

程,与转速有关:$i = 1, 2, \cdots$,代表不同转速情况。

水泵特性曲线与管路特性曲线的交点,即水泵工况点由联立式(2-17)、(2-18)得到,有:

$$H_0 + s_g Q^2 = H_{bi} - s Q^2 \qquad (2\text{-}19)$$

可以证明,水泵在变速条件下工作摩阻 s 不变,H_{bi} 是 n 的函数。任取两种转速 n_1 和 n_2,可以表达为 $\dfrac{H_{b1}}{H_{b2}} = \left(\dfrac{n_1}{n_2}\right)^2$。

取 $H_{bi} = H_b$,对应 $n_1 = n_0$;在任一转速 $n_2 = n$ 下,有:

$$H_{b2} = H_b \cdot \left(\frac{n}{n_0}\right)^2 \qquad (2\text{-}20)$$

代入式(2-19)有:

$$Q^2 = \frac{1}{s_g + s}\left[H_b \left(\frac{n}{n_0} \right)^2 - H_0 \right] \tag{2-21}$$

式中　H_b、n_0——代表水泵在额定转速下的相应参数。

对式（2-21）进行规范化整理，令 $a = \sqrt{\dfrac{H_0}{H_b}} \cdot n_0$，$b = \sqrt{\dfrac{H_0}{s_g + s}}$，有：

$$\frac{n^2}{a^2} - \frac{Q^2}{b^2} = 1 \tag{2-22}$$

以变频方式调速时，电源频率与电机转速关系符合式（2-13）。令 $k = \dfrac{120\,(1-s)}{P}$，则有：

$$n = kf \tag{2-23}$$

式（2-22）可改写为：

$$\frac{f^2}{(a/k)^2} - \frac{Q^2}{b^2} = 1 \tag{2-24}$$

式（2-22）和式（2-24）表达的是离心泵在变速运行条件下，流量与转速或电源频率的基本关系，即离心泵的变频调速规律。式中 a、b、k 是与水泵、管路及电机特性有关的系数。显然在流量与转速或频率之间遵循双曲函数关系，定义域为 $n \geqslant 0$，$f \geqslant 0$，$Q \geqslant 0$，基本图形如图 2-22。

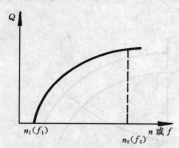

图 2-22　离心泵的调速极限

图 2-22 表明，离心泵降速运行有一个降速极限 $n_1 = a$，可称 n_1 为压力调速极限。这相当于图 2-21 中转速为 n_1 曲线的情况，水泵转速低于 n_1 后，会因泵出口压力过低而无流量输出。因此在不考虑效率因素的条件下，水泵可调速范围为 $n_1 \sim n_0$ 之间。n_1 值与水泵和管路的联合特性有关。与之相对应，亦存在频率极限 f_1，即有效变频范围为 $f_1 \sim f_0$。

实测结果可以证实上述理论规律。并且有管路阀门开启度越小，即管路特性曲线越陡时，频率极限值越高。

综上，离心泵的调速受两个基本调速极限的限制。即使在小功率水泵情况下，虽然高效区域不是主要问题，可不将效率调速极限 n_η 作为严格的限制因素，但是压力调速极限 n_1 却是不可避免的约束条件。对于城市供水系统等场合使用的水泵，功率较大，电耗较高，效率调速极限也是一个十分重要的制约因素。

三、变频调速恒压给水技术

1. 技术特点

变频调速给水系统由单片机、变频调速器、压力传感器、电机泵组及自动切换装置等组成，构成闭环控制系统。根据供水管网用水量的变化，自动控制水泵转速及水泵工作台数，实现恒压变量供水。

有如下技术特点：

（1）高效节能。设备自动检测系统瞬时用水量，据此调节供水量，不做无用功。设备电机在交流变频调速器的控制下软启动，无大启动电流（电机的启动电流不超过额定电流的110%），机组运行经济合理。

（2）用水压力恒定。无论系统用水量有任何变化，均能使供水管网的服务压力恒定，大大提高了供水品质。

（3）延长设备使用寿命。设备采用微机控制技术，对多台泵组可实现循环启动工作，损耗均衡。特别是软启动，大大延长电气、机械设备的寿命。

（4）功能齐全。由于以微机做中央处理机，可不做电路的任何改动，极简便地随时追加各种附加功能，如：小流量切换、水池无水停泵、市网压力升高停机、定时启、停、定时切换、自动投入变频消防、自动投入工频消防等功能及用户在供水自动化方面的其他功能要求。

2. 工作原理

水泵启动后，压力传感器向控制器提供控制点的压力值 H。当 H 低于控制器设定的压力值 H_0（H_0 按用户的水压要求设定）时，控制器向变频调速器发送提高水泵转速的控制信号；当 H 高于 H_0 时，则发送降低水泵转速的控制信号。变频调速器则依此调节水泵工作电源的频率，改变水泵的转速，由此构成以设定压力值为参数的恒压供水自动调节闭环控制系统。

图 2-23 给出了由三台水泵组成的典型恒压给水系统。这三台泵可以交替循环工作，设三台水泵分别以 1#、2#、3# 代表，其循环过程如下。

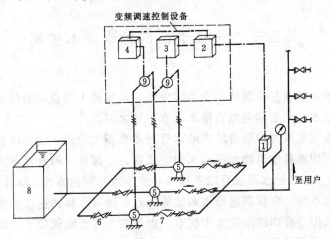

图 2-23 恒压给水设备系统原理图

1—压力传感器；2—控制器；3—变频调速器；4—恒速泵控制器；5—水泵机组；6—闸阀；
7—单向阀；8—贮水池；9—自动切换装置

1# 机泵通过微机-开关系统从变频器的输出端得到逐渐上升的频率和电压，开始旋转（软启动）。频率上升到供水管网供水压力和流量要求的相应频率，并随供水管网的供水流量变化而作出响应，调整频率实现调速运行。如果这时供水管网的供水量增加到大于 $1/3Q$、小于 $2/3Q$ 值时，设备的输出频率上升到工频仍不能满足供水管网的供水要求，这时微机发出指令 1# 泵自动切换到工频（50Hz）运行，待 1# 泵完全退出变频器，立即指令 2# 泵投入变频启动，并自动响应其频率满足该时供水管网流量和压力的要求。如果这时供水管网的供水流量再上升到大于 $2/3Q$、小于 Q 值，则类似，微机发出指令 2# 泵亦切入工频运行，待

2#泵完全退出变频器，立即指令3#泵投入变频启动，并响应至满足该时供水系统的流量和压力所需的频率运行。如果这时供水管网供水流量降至小于 2/3Q、大于 1/3Q 值时，3#水泵的频率降至临界频率（按压力调速极限和效率调速极限确定），设备的输出仍大于供水系统的用水量，则微机发出指令 1#泵停止工频运行（1#水泵停止后，处于临界频率的3#泵立即响应该时流量相应的频率）。如果这时供水流量继续下降至小于 1/3Q，则微机发出指令 2#泵停止工频运行，只有3#泵立即响应该时流量相应的频率，变频运行。设备的运行工作示意如图 2-24。

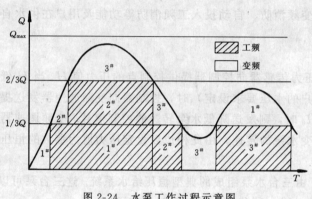

图 2-24 水泵工作过程示意图

第三节 居住小区的给水排水控制

一、概述

近年来，我国城镇居住小区建设有迅猛发展。从规模上来说，居住小区的给水排水工程介于建筑室内给水排水工程与城市给水排水工程之间。

居住小区的给水水源可以取自城市给水管网或自备水源。一般小区给水采用统一加压给水的方式。比起按单独建筑物加压给水的方式来，小区统一给水设备少、投资小、效率高，管理维护方便。小区给水系统可以采用与建筑给水相同的方式，即高位水箱（水塔）给水系统、气压给水系统、变频调速给水系统等。近年随着变频调速技术的成熟与普及，越来越多地倾向于采用变频调速小区给水技术。由于在小区给水规模下，变频调速设备具有占地小、投资低、调节精度高等特点，正显示出较其它给水技术更大的优势。

在小区范围内采用变频调速恒压给水系统，从控制系统整体上来说与建筑室内变频调速给水无明显分别。但由于小区占地面积较大、给水管线长、用户有一定程度的分散，合理地选择压力控制点（压力传感器的安装位置）构成设计中的一项重要内容，它对于系统的能耗与供水压力恒定程度有重要影响。因此本节重点对此加以介绍。

居住小区的排水管道系统收集小区的污水或雨水，排入城市排水管网。一般情况下靠重力自流汇入城市管网。在个别情况下，小区排水系统标高较低，难以重力排出污水，就需设小区排污泵站（或雨水泵站）。这些泵站的控制与城市污水（雨水）泵站基本相同，一般采用双位逻辑控制方式自动开停水泵、改变工作泵的台数。对此可参考相关的章节，不再重复。

二、小区变频调速给水系统压力控制点的位置

1. 压力控制点的概念

居住小区变频调速恒压给水系统的调节参数是供水压力，它由压力传感器提供。压力传感器的安装地点，就称为压力控制点。压力控制点设置的位置不同，将会影响用户的水压稳定性以及供水能耗，因此这是该类供水方式控制系统设计中需考虑的一个重要问题。

一般来说，压力控制点可设在两个典型位置。一是设在供水水泵的出口，在给水设备间内，管理维护都较方便，另一办法是设在用户最不利点处，远离给水设备，虽然管理不便，但供水能耗小。所谓最不利点，是指水压最难保证的供水点，一般是供水区域的最高最远点。由于水在管路中流动时产生水头损失，水压不断下降，离水泵越远、位置越高水压就越低。然而为保证用户正常用水，管网内必须保证一定的最低水压。因此离水泵站越远越高水压就越难保证。若使最难保证的供水点（最不利点）的水压得到保证，则其余各点用户的水压就都能保证。这就是关于最不利点的概念。下面将具体分析两种控制点位置的技术特点。

2. 控制点设在水泵出口

压力控制点设在水泵出口，按此压力设定值变频调节水泵工况是常用方式，其工作特性如图 2-25。图中 A_0 为与最大供水量 Q_{max} 相对应的管路特性曲线，B_0 为水泵在 Q_{max} 时的特性曲线，H' 为压力控制线，按 Q_{max} 相应的管路特性曲线及用户水压要求确定。在 Q_{max} 时，三条线交于 a 点，最不利点的水压标高是 H_0 即要求的最低水压，没有水压浪费。当用水量降低时，控制系统降低水泵转速来改变其流量输出。由于采用泵出口水压恒定方式工作，所以管路特性曲线是移动的，其与水泵特性曲线的交点是工作点，始终在 H' 上移动，如 b 点即为相应于 Q' 的新工作点，相应的水泵特性曲线为 B_1，A 则是由 A_0 向上平移得到的管路特性曲线，导致最不利点水压高升为 H_1，$H_1 > H_0$，即用户的实际水压高于要求水压，二者的差值 $(H_1 - H_0)$ 为多余浪费的水头。显然，泵出口处恒压，水泵特性曲线与管路特性曲线的交点在 H' 水平线上变动，对用户而言是变压，用户水压在坐标纵轴上变动，水压波动范围是 $H_0 \sim H'$。

3. 控制点设在最不利点

将控制点设于最不利点，以该点水压标高 H_0（图 2-25）定值作为控制系统的调节目标。随用水量大小的变化调节水泵转速，使水泵特性曲线变化，而管路特性曲线 A_0 恒定不变，水泵工作点始终在 A_0 上移动，最不利点水压不变始终为 H_0。例如供水量为 Q' 时，水泵特性曲线为 B_2，工作点为 c，供水水压等于需要的水压，没有能量的浪费。与泵出口恒压控制相比，在同样供水量时将使水泵以较低的转速工作。

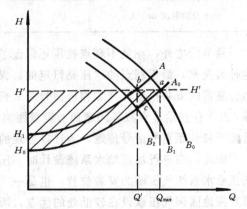

图 2-25 变频调速给水系统工作特性

两种控制方案的工作点变动为：泵出口恒压控制，工况点在 H' 上移动；最不利点恒压控制，工况点在 A_0 上移动。二者的差值即代表能耗的差异。当供水量在 $0 \sim Q_{max}$ 之间变化时，能耗差异可用图中阴影部分表示。

对上述两种控制方法的节能率做如下分析。

供水日能耗可以根据用水规律采用逐时叠加的方法计算。对于最不利点的控制方法，日能耗为：

$$E_{\mathrm{T}} = \Sigma \gamma H_i Q_i \Delta t_i \qquad (2\text{-}25)$$

对于水泵出口控压方法，其水泵扬程是恒定的，于是日能耗为：

$$E_{\mathrm{s}} = \Sigma \gamma H' Q_i \Delta t_i \qquad (2\text{-}26)$$

并有日平均时供水量为：

$$\overline{Q} = \frac{\Sigma Q_i \Delta t_i}{24} \qquad (2\text{-}27)$$

则第一种控制方法相对于第二种控制方法的节能率为：

$$\Delta E = \frac{E_{\mathrm{s}} - E_{\mathrm{T}}}{E_{\mathrm{s}}} \times 100\% \qquad (2\text{-}28)$$

将式 (2-25)、(2-26)、(2-27) 及管路特性曲线表达式 (2-17) 皆代入式 (2-28)，并整理得：

$$\Delta E = \left(1 - \frac{H_0}{H'} - \frac{s_{\mathrm{g}} \Sigma Q_i^3 \Delta t_i}{24 H' \overline{Q}} \right) \times 100\% \qquad (2\text{-}29)$$

上述节能率的计算是在最高日用水量情况下的对比。若再考虑用水的平均日与最高日的差异，则实际总的节能率还会高于式 (2-29) 的计算值。

设已知某用水规律如表 2-4，可计算得到 $\overline{Q} = 2.4\mathrm{m^3/h}$，且 $H_0 = 260.0 - 150.0 = 110.0\mathrm{m}$，$H' = 274.5 - 150.0 = 124.5\mathrm{m}$。$s_{\mathrm{g}} = 0.008$。计算可得 $\Delta E = 12\%$。显然，采用在最不利点进行压力控制的方案，其节能效果是可观的。

用水量变化情况　　　　　　　　　　　　　　　　　　　　　　表 2-4

时平均用水量 Q_i（m³/h）	0.5	1.0	1.7	2.1	2.9	3.7	5.0
用水持续时间 Δt_i（h）	1	2	4	8	5	3	1

除节能之外，在最不利点控压还保证了用户水压的稳定，无论管路特性曲线等因素发生什么变化，最不利点的水压是恒定的，保证水压的可靠性高。这种控压方式仅是改变压力传感器的安装位置，增加相应信号线的长度。过去采用的是以电压信号输出的压力传感器，由于存在信号衰减等问题而对设置距离有所限制；现在新型以电流信号输出的传感器，适宜于较长距离的信号传送，为选择合理的压力控制点位置创造了技术条件。

因此，在进行加压给水系统设计时，压力控制点的位置选择是重要的内容。其中包括气压给水系统气压罐的安装位置，也是一个影响系统技术性能与经济效益的重要因素，不可片面地强调气压罐设在较低处的优点，而应在条件允许时尽可能将压力控制点或气压罐设于供水的最不利点及较高处，特别在居住小区等规模较大的加压给水系统中更应给予重视。这样，可以改善供水技术性能，稳定或减小供水水压波动，减小气压罐容积和承压，尤其在节能方面可有效地减小供水能量浪费。

无论对于气压给水系统还是变频调速给水系统，还应注意水泵的高效工作区域等问题。但根据前述分析，将压力控制点设于最不利点，无疑将更易于实现水泵在高效区运转。

在实际工程中，可能受具体因素的限制，不宜将压力控制点设于最不利点处。较现实的做法应是在条件允许的情况下，尽可能将压力控制点靠近最不利点。这种方案对给水设备本身无显著的影响与改变，尤其变频调速给水系统更是如此。

思 考 题 与 习 题

1. 常见的水压测量方式有哪些？
2. 液位检测仪表的选用应注意哪些事项？
3. 如何根据逻辑控制的要求，绘制卡诺图？
4. 离心泵调速的常用方式有哪几种？
5. 离心泵调速的基本关系是什么？
6. 何为离心泵的调速极限？
7. 变频调速恒压给水技术有哪些特点？
8. 变频调速恒压给水系统由哪些基本部分组成？
9. 同建筑给水系统相比，居住小区的给水系统与控制有哪些特点？
10. 小区恒压给水系统压力控制点的不同位置，对给水系统有何影响？

第三章 给水排水管网控制技术

管网是给水排水工程中的重要组成部分，水泵更是极为常见的给水排水设备。

在给水工程中，输配水管网担负着输送、分配水的任务，它的造价占给水系统总造价的主要部分；管道系统往往是依靠水泵加压供水的有压系统，它的运行与水泵及水泵站的关系密切，运行费主要就是指泵站中水泵的电力消耗，它在给水系统运行费用构成中占第一位。合理地调节水泵工况，保证用户的用水要求，节约能耗、降低费用，是十分重要而有意义的工作。

在排水工程中，排水管网也常常与排水泵站紧密联系在一起，如污水的提升、雨水的排放等等，都是能耗的大户。

因此，给水排水管网的控制，首先就是各种泵站的调控问题。此外，对管网系统各部分工况进行监测，及时合理地进行调度，最大限度地节省能耗，实现优化运行，更是正在发展中的新技术。本章将就上述内容进行介绍。

第一节 给水泵站的自动控制

给水泵站按用途分类，主要包括：

（1）担负水源取水任务的取水泵站，又称一泵站；

（2）担负向管网输送水任务的送水泵站，又称二泵站；

（3）担负中途加压任务的加压泵站。

这些泵站自动控制系统的核心作用就是对水泵工况调节，满足用户水量、水压的要求。按调节控制方式不同，可将泵站自动控制系统分为两大类：

（1）对水泵的开停双位控制：按照某种液位（或压力）、流量的要求，改变每台水泵的开、停状态或改变水泵的运行台数；

（2）对水泵工作点的调节控制：按照液位（或压力）、流量的要求，改变水泵的工作点。这种改变可以通过调节管路系统中阀门开启度实现或通过改变水泵转速的方式实现。

一、泵站及管网监控常用仪表

在泵站及管网监控系统中，监测仪表是不可缺少的组成部分。最常见的检测参数就是压力与流量。特别是对于恒压控制系统，以压力为基本控制参数；对于恒流控制系统，则以流量为基本控制参数。

压力检测仪表已在第二章中作过介绍。本章则就流量检测仪表重点加以介绍。

在给水排水工程中，流量是重要的过程参数之一。无论在泵站过程控制中，还是在管网工况监控系统中，都常涉及流量的测量。

在工程上，流量是指单位时间内通过管道某一截面的物料数量。在给水排水工程中常用的计量单位为：体积流量，即单位时间内通过管道某一截面的水的体积，用每小时立方米（m³/h）、每小时升（L/h）等单位表示。

用来测量流体流量的仪表叫流量计。目前，工业上测量流量的方法很多，下面主要介绍生产过程中常用的几种典型流量计的原理与特性。

1. 差压流量计

差压流量计是目前工业上使用历史最久和应用最广泛的一种流量计。

从流体力学可知，流体在管道中流动时，具有动能和位能，并在一定条件下可以相互转换，但是其总能量是不变的。对于不可压缩的理想流体来说，若流速为 v，重度为 γ，静压力为 p，当流体充满水平管道流动时，则其能量方程为：

$$\frac{p}{\gamma} + \frac{v^2}{2g} = \mathrm{const} \tag{3-1}$$

式（3-1）为理想流体的伯努利方程，式中的第一项表示流体的压力位能，第二项表示流体的动能。

差压式流量计是以伯努利方程和连续性方程为理论根据，通过测量流体流动过程中产生的差压来测量流量的。

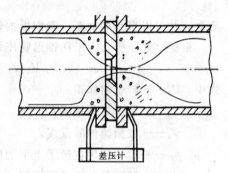

如图 3-1 所示，差压流量计主要由节流装置（如孔板）和差压计等组成。流体通过节流装置（孔板）时，在节流装置的上、下游之间产生压差，从而由差压计测出差压，流量愈大，差压也愈大，流量和差压之间存在一定关系，这就是差压流量计的工作原理。

差压计

图 3-1 差压流量计示意图

实际上流体在管道中流动时总存在着与管壁的摩擦以及产生涡流等，因此，使流体通过孔板后将产生部分能量损失。

为此，考虑若干修正，可以得到：

$$Q = \alpha A_0 \cdot \sqrt{\frac{2g}{\gamma}(p_1 - p_2)} \tag{3-2}$$

式中 α——流量系数；

p_1、p_2——孔板前后管壁处的压力。

式（3-2）为流量测量的基本方程。由此可见，流体的流量与节流元件前后的压差平方根成正比，所以，使用差压流量变送器（即带有开方器的差压变送器）可直接与节流装置配合，来测量流量。其中 α 是一个受许多因素影响的综合系数，其值由实验方法确定。

上述基本流量方程式是根据流体在不可压缩的情况下导出的，对于可压缩流体，还必须引入一个校正系数 ε。因此，对于可压缩流体（如气体）的流量基本方程式为：

$$Q = \alpha A_0 \varepsilon \sqrt{\frac{2g}{\gamma}(p_1 - p_2)} \tag{3-3}$$

2. 转子流量计

在工业生产过程中经常遇到小流量的测量问题，由于其流体的流速低，所以要求流量

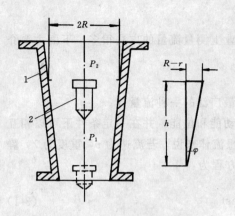

图 3-2　转子流量计原理图

1—锥形管；2—转子

计具有较高的灵敏度，以保证测量精度。而节流装置对于管径小于 50mm、低雷诺数流体的测量精度并不高。转子流量计则特别适用于测量管径在 50mm 以下管道的流量。因此，目前在工业上和实验室里常用转子流量计来测量小流量。

转子流量计是由锥形管 1 和转子 2 两部分组成（如图 3-2 所示）。当流体自下而上流动时，转子受到流体的作用而上升，被测流体沿着锥形管与转子之间的环隙，从锥形管上部流出，流体的流量愈大，则转子上升愈高，当流体对转子的作用力等于转子重量减去流体对转子的浮力时，则转子就停在一定高度上，所以，在平衡时 $\Delta p = (p_1 - p_2)$ 必为恒值。转子在锥形管中的高度即代表着一定流量，并可以用流量刻度。我们根据转子平衡位置高度就可以直接读出流量值。

根据上述分析，转子在锥形管流体中的平衡条件是：

$$V_1(\gamma_1 - \gamma_2) = (p_1 - p_2)A_1 \tag{3-4}$$

式中　V_1——转子的体积；

γ_1——转子材料重度；

γ_2——被测流体的重度；

p_1、p_2——流体作用在转子上下的静压力；

A_1——转子最大的横截面积。

在测量流量过程中，由于 V_1、γ_1、γ_2、A_1 均为常量，所以 $(p_1 - p_2)$ 也应为常量。可见，转子流量计是以压降不变，用节流面积的变化来测量流量的大小。

根据流体力学可知：

$$p_1 - p_2 = \zeta \frac{v^2 \gamma_2}{2g} \tag{3-5}$$

式中　g——重力加速度；

v——流体流过环隙的流速；

ζ——阻力系数，它与转子形状、流体粘性等有关。

式（3-4）与（3-5）联立可求得流速：

$$v = \sqrt{\frac{V_1(\gamma_1 - \gamma_2)2g}{\zeta \gamma_2 A_1}} \tag{3-6}$$

若以 A_0 表示转子流量计环形流通截面积，转子流量计的体积流量：

$$Q = vA_0 = A_0 \sqrt{\frac{2gV_1(\gamma_1 - \gamma_2)}{\zeta \gamma_2 A_1}} \tag{3-7}$$

由图 3-2 所示的几何关系可得：

$$A_0 = \pi(R + r) \cdot h \cdot \mathrm{tg}\varphi \tag{3-8}$$

将式（3-8）代入式（3-7），并简化为

$$Q = kh \tag{3-9}$$

式中　k——比例系数，$k = \pi(R + r)\mathrm{tg}\varphi\sqrt{\dfrac{2gV_1(\gamma_1 - \gamma_2)}{\zeta\gamma_2 A_1}}$。

可见，根据转子的高度就可测量被测介质的流量。

3. 电磁流量计

电磁流量计是根据法拉第电磁感应定律制成的，是一种用来测量管道中导电性液体体积流量的仪表，可测各种腐蚀性的酸、碱、盐溶液；可测含各种悬浮固体微粒的液体。在给水排水工程中有广泛的应用。

电磁流量计由变送器和转换器两部分组成。变送器被安装在被测介质的管道中，将被测介质的流量变换成瞬时的电信号；而转换器将瞬时电信号转换成 $0\sim10\mathrm{mA}$ 或 $4\sim20\mathrm{mA}$ 的统一标准直流信号，供仪表指示、记录或调节用。电磁流量计的原理如图3-3所示，在磁感应强度均匀的磁场中，垂直

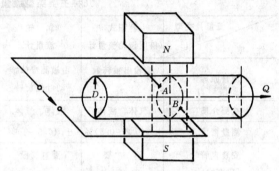

图 3-3　电磁流量计原理图

于磁场方向放置一段不导磁的管道，在该管道上与磁场垂直方向设置一对同被测介质相接触的电极 A、B，管道与电极之间绝缘。当导电流体流过管道时，相当于一根长度为管道内径 D 的导线在切割磁力线，因而产生了感应电势，并由两个电极引出。当管道直径一定，磁场强度不变时，则感应电势的大小仅与被测介质的流速有关，即

$$e = kBDv \tag{3-10}$$

式中　e——感应电势；

　　　k——常数；

　　　B——磁场强度；

　　　D——管道内径，即切割磁力线的导体长度；

　　　v——流体的流速。

体积流量为

$$Q = \frac{\pi D^2}{4}v \tag{3-11}$$

将式（3-11）代入式（3-10），可得

$$e = \frac{4Bk}{\pi D}Q = KQ \tag{3-12}$$

式中　K——仪表常数。

由上式可知，电磁流量计的感应电势与流量成线性关系。将这个感应电势经过放大，送至显示仪表，就能读出流量。

从电磁流量计的基本原理和结构来看，它有如下主要特点：电磁流量变送器的测量管道内无运动部件，因此使用可靠，维护方便，寿命长，而且压力损失很小，也没有测量滞

后现象，可以用它来测量脉冲流量；在测量管道内有防腐蚀衬里，故可测量各种腐蚀性介质的流量；测量范围大，满刻度量程连续可调，输出的直流毫安信号可与电动单元组合仪表或工业控制机联用等。

但是，使用电磁流量计时，被测介质必须有足够的导电率，不能测量气体、以及石油制品等的流量。

此外，还有许多流量测量方法。表 3-1 中列出了几种主要类型的流量计的性能。

几种主要类型流量计的性能比较 表 3-1

性能 \ 流量计类型	容积式 (椭圆齿轮流量计)	涡轮 流量计	转子 流量计	差压 流量计	电磁 流量计
测量原理	测输出轴转数	由被测流体推动叶轮旋转	定压降环形面积可变原理	伯努利方程	法拉第电磁感应定律
被测介质	气体、液体	液体、气体	液体、气体	液体、汽体、蒸气	导电性液体
测量精度	±(0.2～0.5)%	±(0.5～1)%	±(1～2)%	±2%	±(0.5～1.5)%
安装直管段要求	不要	要直管段	不要	要直管段	上游有要求，下游无要求
压头损失	有	有	有	较大	几乎没有
更换量程方法	难	难	改变浮子的重量（麻烦）	改变差压变送器刻度（难）	调量程电位器（容易）
口径系列 (ϕ, mm)	10～300	2～500	2～150	50～1000	2～2400
制造成本	较高	中等	低	中等	高

二、离心式水泵的调节问题

离心式水泵是给水排水工程中最常用的水泵类型。在上一章中，已就离心式水泵的变频调速问题做过分析。在此，进一步就离心泵的调节及其调节精度问题开展讨论。

前已介绍，离心泵的调节基本上分为两种方式：阀门调节和变速调节。阀门调节是改变水泵管路的阻力特性，改变在阀门上消耗的能量比例，即改变了管路特性曲线，使水泵工作点在恒速水泵特性曲线上变动；变速调节则是改变了水泵的特性，管路阻力特性不变，水泵工作点在管路特性曲线上变动。两种调节方式的说明可参考图 2-19。

不同的调节方式所产生的调节效果也不相同。阀门调节虽然能满足用户的水量与水压要求，但节能效果差；变速调节是一种节能效果好的调节方式，既能满足用户的水量水压要求，又能减少能量消耗。两种调节方式的精度特性也有很大差异。

1. 离心泵的变速调节精度

离心泵的调节精度可以用最小可调流量值表示。在变频调速的情况下，调节精度与离心泵和管路的联合工作特性有关，还与变频设备的精度特性等因素有关。

从离心泵的变频调速规律出发，可对其调节精度进行分析。由第二章已知，离心泵的变频调速规律可表示为：

$$\frac{f^2}{(a/k)^2} - \frac{Q^2}{b^2} = 1 \tag{3-13}$$

因此有：

$$\Delta Q = \frac{kb^2}{a} \cdot \frac{f}{Q} \cdot \Delta f \qquad (3-14)$$

式中　f——变频器频率输出；

　Q——水泵流量输出；

　ΔQ——流量最小可调量；

　Δf——变频器最小变频量；

k、a、b——特性常数。

式（3-14）即为离心泵变频调速精度方程，表明其流量调节精度与变频器输出精度 Δf 有关，与比值 f/Q 有关，还与参数 k、a、b 有关。前一个因素取决于变频器的性能，而后两个因素则是由水泵和管路的特性及其联合工作状况决定的。变频器的调节精度是有限的，而且要求精度越高，变频器价格也越高。现行主流型变频器的模拟输出精度多为最大输出频率的 $\pm(0.2\sim0.5)\%$。最大频率为 50Hz，则调节输出精度 $\Delta f = 0.1 \sim 0.25$Hz。在此限制条件下，合理选择离心泵的工作条件，提高调节精度是非常重要的。

由式（3-13）有：

$$\frac{f}{Q} = \frac{1}{Q/f} = \frac{1}{\sqrt{\left(\frac{kb}{a}\right)^2 - \frac{b^2}{f^2}}} \qquad (3-15)$$

将式（3-15）及 k、a、b 的表达式（见第二章第二节）皆代入式（3-14）并整理有：

$$\Delta Q = \frac{H_b}{\sqrt{s_g + s}} \cdot \frac{\Delta f}{\sqrt{H_b - H_0 \cdot \left(\frac{f_0}{f}\right)^2}} \qquad (3-16)$$

式（3-16）表明，在离心泵、管路系统及变频器已定的条件下（Δf、H_b、H_0、f_0、s 均为常数），提高离心泵的调节精度，即降低流量最小可调量 ΔQ 的可行措施有两条：加大管路阻抗 s_g 及提高工作频率 f。当离心泵的功率较小，能耗不为主要问题时，实现这一目的的一个简捷办法就是控制管路上阀门的开启度。减小开启度既增大了管路阻抗 s_g，又提高了工作电源频率。在有些情况下，特别是对于功率较小的水泵，虽然关小阀门提高工作频率加大了泵本身的能耗，然而由此获得了高精度调节效果，所带来的技术经济意义可能是更重要的。

2. 调节阀的基本特性

在阀门调节系统中，调节阀是重要的调节设备。

（1）调节阀及其理想特性：按阀体与流通介质的关系可将调节阀分为直通式和隔膜式。前者的阀芯与流通介质直接接触；后者则通过耐腐蚀隔膜与流通介质相接触，更适宜输送含腐蚀性及悬浮颗粒的液体。按阀门控制信号的种类可分为气动与电动调节阀。

流量特性是调节阀的基本特性，即指流过阀门的相对流量与阀芯相对行程间的关系：

$$\frac{Q}{Q_{max}} = f\left(\frac{L}{L_{max}}\right) \qquad (3-17)$$

式中　$\dfrac{Q}{Q_{max}}$ ——相对流量，即调节阀在某一开度下的流量 Q 与全开时流量 Q_{max} 之比；

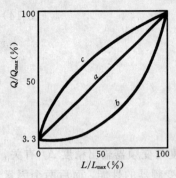

图 3-4　调节阀理想特性

　　$\dfrac{L}{L_{max}}$ ——相对开度，即调节阀在某一开度下的阀芯行程 L 与全行程 L_{max} 之比。

　　在阀前后压差恒定时得到的流量特性称为理想流量特性，可分为 3 种（图 3-4）：线性流量特性（线 a）、等百分比流量特性又称对数流量特性（线 b）及快开流量特性（线 c）。

　　(2) 调节阀的实际工作特性与特性参数：在实际应用中，阀前后的压差即在调节阀上的压力降都是随流量变化的，此时的流量特性就是工作流量特性。为简化问题，在此以重力式管路系统为例分析。

　　在重力式管路系统中，总的作用水头一定，分别消耗于调节阀上及管路和其他阻力元件上。当流量增大时，管路和其他阻力元件上的压降增大，调节阀上的压降就必然随之降低。此时的工作流量特性偏离理想特性（图 3-5）。图中 S 为压

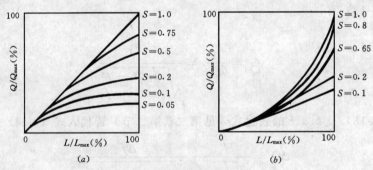

图 3-5　调节阀实际工作特性

差比，即调节阀最小压力降与系统总压力降之比：

$$S = \frac{\Delta P}{\Delta P_{总}} \tag{3-18}$$

　　S 值越小，工作特性偏离理想特性越远。以线性调节阀为例，在阀门开度较小时，随开度增加流量迅速增加；而在阀门开度较大时，随开度的增加流量变化迟缓。这种灵敏度的不均匀变化给流量控制造成困难。为保证调节阀的调节性能，希望调节阀的压差在管路系统的总压差中占有的比值越大越好，可以减小流量特性的畸变，一般要求 $S>0.3$。

　　(3) 调节阀的流通能力：调节阀的另一个重要参数是流通能力 C。即在调节阀全开，阀前后压差 ΔP 为 0.1MPa 时，重度 γ 为 $1g/cm^3$ 的水每小时通过阀门的体积流量（m^3/h）。C 值的基本计算公式是：

$$C = Q \cdot \sqrt{\frac{0.1\gamma}{\Delta P}} \tag{3-19}$$

式中　Q ——系统的设计流量，m^3/h。

　　正确计算流通能力是合理选择调节阀规格的前提。

50

计算流量值 Q 的选择。一个调节阀要能正常工作，可调节的最大流量 Q_{max} 一定要大于工艺所需要的最大流量 Q'_{max}；可调节的最小流量 Q_{min} 一定要小于工艺所需要的最小流量 Q'_{min}。因此，调节阀可调流量范围如图 3-6 所示。根据图 3-6，可写出：

$$\Delta Q = Q_{max} - Q_{min} \tag{3-20}$$

式中
$$Q_{min} = Q'_{min} - (10 \sim 20)\% \Delta Q \tag{3-21}$$

$$Q_{max} = Q'_{max} + (10 \sim 20)\% \Delta Q \tag{3-22}$$

这样，调节阀有 5 个可以作为计算 C 值的流量，即 Q_{min}、Q'_{min}、$Q_{正常}$、Q'_{max}、Q_{max}。通常情况下，都用正常流量 $Q_{正常}$ 或工艺所需最大流量 Q'_{max} 作为计算 C 值的流量。按 $Q_{正常}$ 计算得到的流通能

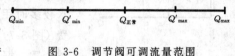

图 3-6　调节阀可调流量范围

力记为 $C_{正常}$，按 $Q'_{正常}$ 计算得到的流通能力记为 C'_{max}（一般就用 C_{max} 表示）。而所选择的阀门流通能力则为：

正常流量为相对开度 50% 的线性阀门，$C_{选} = 1.9C_{正常}$；正常流量为相对开度 60% 的对数阀门，$C_{选} = 3.9C_{正常}$。或者，对于工艺最大流量为相对开度 80% 的线性阀门，$C_{选} = 1.25C_{max}$；工艺最大流量为相对开度 80% 的对数阀门，$C_{选} = 2.0C_{max}$。

一般情况下，当调节阀上游压力源是一个恒压源时，例如一个大水池、大气柜或经压力控制的管道，就选用 Q'_{max} 作为计算流通能力的依据。如果调节阀上游压力源是一个变压源，例如水泵、压缩机等，因泵的扬程（相当于压力）是随着流量的增大而减小的，就应选择 $Q_{正常}$ 作为计算流通能力 C 的依据。

计算压差值 ΔP 的选择。阀门的计算压差应与计算流量相对应，应该是该计算流量下阀门前后的压差。一般地说，从调节作用考虑，应使压差占整个系统中总阻力损失的比值越大越好。这样，可使流量特性不发生畸变。从经济上考虑，则应使压差尽可能小，选择较小扬程的泵，以减少动能损失。

(4) 调节阀的调节精度

在采用调节阀作为调节装置时，为保证系统的正常工作，调节阀的调节精度应与系统其他部分的精度相协调，一般来说不应低于调节阀输入控制信号的精度。电动调节阀的精度指标之一是"死区"，即对输入信号的不响应区域。以某厂产 ZAZP 型直通式电动调节阀为例。理想流量特性为线性，流通能力 $C = 0.5$，输入控制信号为 $4 \sim 20mA$，死区为 $0.48mA$。按线性特性分析，在全程范围等精度调节相对误差为 $0.48/(20 - 16) = 3.0\%$。若以 C 代表最大流量，即 $Q_{max} = C = 0.5m^3/h$，则最小可调流量为 $3.0\% \times 0.5m^3/h = 15L/h$。事实上，由于工作流量特性的畸变，选择阀门又受规格系列等因素限制，实际的调节误差可能会更大。

三、给水泵站水泵调节的类型

在给水系统中，视泵站的作用不同，水泵调速的控制参数、目的亦有所差别。主要可分为两种典型情况：恒压调速和恒流调速。

1. 恒压调速

这属于二泵站的情况。水泵向城市管网供水，要求保证用户的自由水压不低于某规定

51

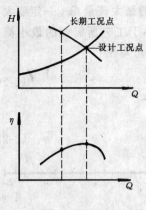

图 3-7 二泵站工况
点的变动

值，即最小自由水头。城市用水情况是时刻变化的，在设计上为保证供水的安全可靠性，要按最大时条件设计。然而，最大时是一种极端的用水情况，更为经常地是处于用水量较少的条件下，水泵的供水能力会有富余。常规的调节方法是分级供水，将二泵站的工作制度定为二级或三级，在每一级内视用水情况选用不同规格、不同台数的水泵。这种控制方式的结果是，在某一级下运行范围内，随用水的波动，导致水泵工况点仍有较大幅度的变化，就有可能：a. 水泵长期工作在低效率点；b. 在用水较多时用户水压难以保证，或在用水较少时水压过高造成浪费（图 3-7）。供水系统用水量变化越大（变化系数大），问题就越严重。据介绍，即使在上海地区这种大型给水系统中，虽然用水均匀性较强，但由于水压波动、水泵长期在较低效率下运转等导致多耗电约 20%。因此，有必要以保证用户水压恒定为目标进行水泵调速。这种调节方式应用较广泛。

在这种调速系统中，压力控制点的选择十分重要，这点已在上一章中作过分析。在工程上，可考虑如下方案：

（1）当整个管网由一个水源供水时，可考虑由管网中典型点的压力来控制送水泵机组的开停或调速。

（2）预测供水曲线，以其流量平均值为基础控制送水泵机组的运行，再按管网典型点压力作反馈控制。这一控制方式可以避免因需水量的变化而使送水泵频繁启动。

（3）小城镇给水可以按高位水池水位来控制送水泵机组的开停。

（4）当城市由多水源供水时，应根据管网平差，通过微机运算获得最优运行方案，分别控制各个水厂送水泵的运行。

（5）应使水泵轮换运转，并把清水池水位、电机温度、电流、电压等参数送入微机，定时打印，越限报警。

2. 恒流调速

这是一泵站的情况。一泵站往往按恒定取水水位设计，以水源最低水位为设计依据。这也是一种极端情况。更为常见的是水源水位处于常水位附近。水厂运行多是按恒定流量设计的。在水位高于设计水位时，通常就要采取关小管路阀门的方式消耗多余的水头，保证一泵站取水流量恒定。因此，一泵站水泵也会长期运行在多耗能、低效率的工况下。图 3-8 中的曲线就描述了这种情况。曲线①、②分别为水源水位在常水位、设计水位时的管路特性曲线。随着水源水位高于设计水位，水泵供水量有增大的趋势，为保证设计流量 $Q_设$ 不变，就要关小水泵阀门，改变管路特性曲线（如曲线③）。为了避免这种水源水位变化产生的能量浪费，也有必要进行水泵工况调节，这是以水量恒定为目的的水泵调速。水源水位变幅越大，这种调节就越为必要。当然，也有的水厂清水池调节能力不足，一泵站也要有一定的水量调节功能，这就更有必要进行水泵的调速。

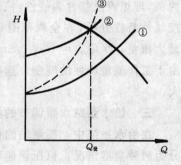

图 3-8 恒流调节
工况点的变动

恒流调节可以有效地节约能耗。据介绍，上海某厂有一台取水泵恒流调速后，平均电耗由 200kW 下降到 145kW。

恒流调速控制系统应具有如下功能：

（1）调节取水泵机组的开启台数和采取调速的办法，保持取水流量基本恒定。

（2）当配水量变化较大而清水池容量不足以调节时，可考虑按供水量预测在高峰时间内提高给定取水量，而在低峰时间内减少给定取水量，仍保证在每段时间内取水流量基本恒定。

（3）应使所有取水泵轮换运转，依次启动，先开先停。

（4）取水泵应尽量考虑自灌或自动抽真空。若不能满足上述条件，控制系统还应具有控制抽真空的功能，使水泵启动前先抽真空引水。

（5）根据取水格网前后的水位差，自动控制格网的冲洗。

（6）将进水井水位、电机温度、电流、电压等参数送入微机，定时打印，越限报警。

此外，还有非恒压非恒流的调速系统等，将在有关部分单独介绍。

四、给水泵站控制系统设计实例

一个实际的泵站控制系统，除了解决调节目标、调节方式问题外，还要考虑各种可能出现的情况，构成一个较为完善的自动化控制系统。下面以一个设计实例来说明。

1. 泵站工艺概况

某城市给水泵站供水量约为 $3\times10^5\text{m}^3/\text{d}$。共有 7 台水泵，型号为 20LN26，其中 4 台定速泵、3 台调频调速泵。泵站的工艺流程如图 3-9。

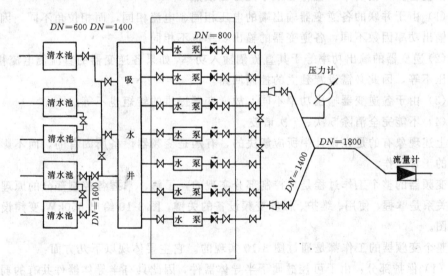

图 3-9　泵站工艺流程

供水泵压水管用一条 $DN=1400$ 联络管并联在一起，由两条出水管引出泵站，在泵站外两条出水管会合成一条干管（$DN=1800$）向市区供水，在 $DN=1800$ 的干管上设有超声波流量计一只。

两条出水管上各装有蝶阀一个。联络管上装设有蝶阀二个。

每条水泵出水管还装设有液压止回蝶阀、电动控制蝶阀和手动蝶阀各一个。每台水泵单设一条吸水管，每条吸水管上还装设有蝶阀一个。

7 台水泵共用一个吸水井。吸水井由 5 个清水池供水，其中 4 个清水池（蓄水能力各为

$10000m^3$）并联，通过两根 $DN1600$ 的钢管向吸水池送水。另一个 $10000m^3$ 的清水池的 $DN600$ 的出水管与一根 $DN1600$ 的钢管联在一起。

4 个清水池设有水位计，在泵站内显示。吸水井设有水位计，在泵站内显示。出水干管的流量和压力也同时在泵站内显示。

2. 变频系统与电路

3 台 650kW 水泵电机的变频调速设备采用的是不完全的电流双重叠加（直接型双重叠加）串联二极管式电流型逆变器。进线电源为 0.69kV，经过主、从控制系统控制 650kW 异步电动机运行。由于可控硅在工作过程中产生大量的热量，如不及时冷却将导致可控硅损坏，因此采用风冷方式进行冷却（常见冷却方式分风冷、水冷两种）。电源是通过变频变压器再经一次变换，得到 380V 电源供给冷却风扇。在设备中还有两套风扇，其电源取于低压柜，电压为 220V。主要是对电感柜的电感进行冷却。设备中主控制柜下方安有恒温控制加热器，保证元器件的正常工作。

在主电路中还装有继电控制保护设备，它们分别为欠电压、轴承温升、轴承跳闸、绕组温升、绕组跳闸、电抗故障跳闸、风扇故障跳闸、水位保护跳闸、接地继电保护，这些继电保护都是保证变频柜及变频系统正常运行的保障。

主电路采用双重叠加电流型逆变器，主要是为了降低或消除低频谐波分量，提高转矩脉动的频率，它的特点是采用两套逆变器而无输出变压器，电流直接加在电机绕组上进行叠加，设备少，投资小。但存在以下几方面缺点。

（1）由于并联的各逆变器输出端的电压相同、电流相同，而相位角不同，因此各逆变器的输出功率因数不同，各逆变器的输出功率也不相同。

（2）逆变器的输出功率等于其直流侧输入功率，如果各逆变器的直流侧电流相同时，则其电压不等，因此必需设置独立的控制回路。

（3）由于各逆变器输出功率不同，故逆变器提供的转矩也不等。

（4）不能完全消除 5 次、7 次谐波。

上述现象有的是在设计中所应解决的，有的是变频器设备所固有的，而不影响整个变频器的正常工作。

变频器的整个工作过程是靠控制部分实现的，了解、掌握各控制部分的原理及相互之间的关系是掌握、使用、维护、保养变频设备的关键，图 3-10 给出 650kW 变频设备的控制方框图。

整个变频器的工作都是通过图 3-10 实现的。它主要体现以下几方面：

（1）保护部分：由于可控硅属于半导体器件，因此具有半导体器件共有的弱点。而引进设备中大功率的可控硅在我国造价很高，一旦损坏将造成巨大的损失，因此必须了解各种保护的特点、作用，以便分析、解决出现的问题。

此电路有主电源超电压保护，它主要采用钳位形式吸收浪涌电压，当电压超过限定值时，整流侧紧急触发。

变频输出电机电压超电压保护，这些都是通过监测板实现的，过电流保护、可控关断保护，这些保护出现时所对应的灯显示，以便根据显示查找故障。

（2）触发部分（含整流、逆变）

在整流部分由电流调整器给出数值，经平衡器分别给出主、从控制电压，再经触发脉

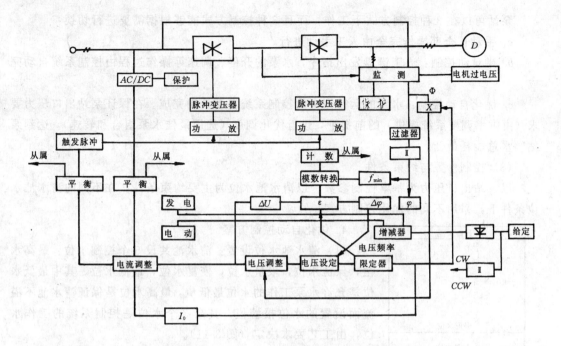

图 3-10 变频控制简图

冲发生器放大，最后经触发变压器送到相应的可控硅进行触发。

在逆变部分由模-数转换器将其频率的模拟量经计数器以数字量给主、从逆变器，再经放大器、触发变压器送到逆变侧相对应的可控硅进行触发。在许多变频器中有时会出现直流侧有输出，而交流侧无输出的现象，这往往都是由于逆变触发失败而造成的，为了避免此现象的发生，本系统设置了安全触发电路。此电路在整流触发控制端引入触发信号作为逆变侧的可靠触发信号，一旦逆变侧主触发失败，即可通过辅助的安全触发信号使逆变可控硅导通，从而保证了逆变器系统的正常工作。

（3）整定、设定部分

根据控制原理图，设计了相对应的设定、整定、调整线路板，这些线路在使用前都必须根据生产厂家要求和使用厂家的要求进行现场调整，达到实际运行的需要。

本控制回路具有频率判别电路，当频率高于 20Hz 时，整个控制回路工作，当频率低于 20Hz 时，整流控制部分直接由 I_0 进行控制。

在开始运行时都应将此电位器锁到最小，然后逐渐调解。现 650kW 变频器调整的最低频率大于 20Hz，因此 I_0 部分不工作，只有电压调整器工作，这是由实际工作要求所决定的。

在实际控制单元中，主、从控制板根据各自的要求，必须针对每一块控制板进行调试，调试数据必须根据设计要求进行。

3. 总体控制方案

（1）优化控制的目的

a. 实现泵站运行在线自动控制，提高运行管理水平，提高供水的安全可靠性；

b. 降低能耗、达到运行费用最低；

c. 实现事故报警自动化。

（2）控制方式

泵站可以在 3 种控制方式下工作，而且 3 种控制方式能够根据需要进行切换：

a. 手动：全部操作完全由人工手动进行。

b. 半自动控制：人工键盘发出指令，水泵的开停、调速等操作过程由控制系统自动完成。

c. 优化自动控制：水泵的运行完全由控制系统自动控制完成。在保证泵站出口压力要求（由供水调度系统提供）的前提下，进行优化调度（选用最佳水泵组合和转速），达到泵站供水总能耗最低。

（3）控制参数与约束条件

以泵站出口压力为基本控制参数。以清水池水位为主要约束条件。在不同的清水池水位条件下，采用不同的优化控制方案。

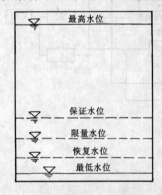

图 3-11　清水池水位设置

4. 优化自动控制方案

（1）清水池水位设置：清水池共设 5 个控制水位：最高水位，保证水位，限量水位，恢复水位，最低水位。其中最低水位是允许水泵工作的水位最低值，最高水位是保证清水池不溢流而设置的水位报警值，其余 3 个水位是控制系统的工作水位，由工艺要求决定（图 3-11）。

（2）控制过程：

a. 当水位达到最高水位时，系统给出报警信号，供水调度系统必须采取措施保证水位不再升高（例如减少清水池进水流量）。

b. 当水位在最高水位和保证水位之间时，是泵站工作的常规工况。泵站可根据出水干管上的压力要求自动调整工作泵台数和调速泵的转速，实现优化控制。

c. 当水位下降，低于保证水位但高于限量水位时，表明清水池水位已有偏低的趋势，控制系统将给出报警信号，建议供水调度系统采取措施提高清水池的水位（例如增加清水池进水流量）。此时控制系统仍按出水干管的压力目标值自动控制运行。

d. 当水位在限量水位和恢复水位之间时，系统将再次给出报警信号，建议供水调度系统尽快采取措施恢复清水池水位（例如增加清水池进水流量）。同时控制系统自动减少泵站供水量，供水压力不保证。在水位恢复至保证水位之前时，将始终按此方案运行。

e. 当水位继续下降至恢复水位以下时，系统再次报警，建议采取紧急措施提高清水池水位，否则将要发生水泵全部停车的危险。控制系统将进一步自动减少泵站供水量，按某一最低保证流量运行，供水压力不保证。在水位恢复至恢复水位时，改为执行步骤 *d*。

f. 当由于特殊情况水位不能恢复而降到最低水位时，泵站内的全部水泵停车。

（3）水泵的调节：

a. 常规工况下以出水干管水压为控制目标，控制系统按 PID 调节方式改变水泵的转速与工作台数。

b. 其他工况下以规定流量为控制目标，控制系统按 PID 调节方式改变水泵的转速与工作台数。

c. 按总能耗最低的原则，系统可以自动选择水泵的组合工作方案；也可以人工选择某

种组合方案，系统在此方案下按控制目标进行工作。

d. 水泵转速的调节。若控制参数（压力或流量）当前值高于设定值，则降低调速泵转速；若调速泵转速降到允许的最低值（按允许效率范围确定）时，则停一台定速泵，同时提高变速泵的转速。若控制参数（压力或流量）当前值低于设定值，则按相反的方向调节。

e. 为了避免水泵的频繁启动，规定单泵的最短连续运行时间，作为系统运行的约束条件之一。

f. 当某台水泵出现故障时，系统自动将备用泵投入运行，同时报警。

g. 启动水泵，应以停车时间最长的水泵优先；停止水泵，应以连续运行时间最长的水泵优先。

h. 水泵的开停车控制等其他事项与半自动方案相同。

5. 水泵的半自动控制方案

在此方案下，人工键盘给定某台水泵的开车、停车指令后，该台水泵的开停车过程以及水泵出口液压止回蝶阀和电动控制蝶阀等实现自动控制。

（1）水泵的启动：人工键盘输入启动某一台水泵的指令给控制系统，控制系统完成下述操作：

a. 水泵机组加电；

b. 测定水泵进出口压力（真空）值；

c. 当水泵转速达到额定转速时，启开水泵出口电动控制阀门；

d. 测定水泵进出口压力（真空）值，检测其是否达到规定值；

e. 若水泵进出口压力（真空）值达到规定值，则水泵机组正常工作；

f. 若水泵进出口压力（真空）值偏离规定值较多，则报警。

（2）水泵的停止：人工键盘输入关停某一台水泵的指令给控制系统，控制系统完成下述操作：

a. 关闭水泵出口电动控制阀门；

b. 测定水泵进出口压力（真空）值；

c. 当确定水泵出口电动控制阀门完全关闭后，水泵机组断电，关闭水泵；

d. 测定水泵进出口压力（真空）值，检测其是否达到规定值（$P=0$）；

e. 若水泵进出口压力（真空）值达到规定值，则水泵机组正常关闭结束；

f. 若水泵进出口压力（真空）值偏离规定值较多，则报警。

（3）水泵出口电动蝶阀的控制：

启动水泵时：先启动水泵，后开启此阀。

关闭水泵时：先关闭此阀，后水泵停车。

（4）水泵在半自动方式下启动后，也可以切换到优化控制状态下运行。

（5）在此工作方式下，出现各种清水池水位情况时，系统仍然报警。

6. 水泵的人工控制

（1）水泵的全部操作完全由人工进行。

（2）控制系统可以作为一个监测系统使用，具有报警、数据采集、显示、记录等功能。

7. 污水泵控制

以污水集水坑的水位（最高水位和最低水位）为依据，控制污水泵的开停，污水集水坑设最高控制水位（开泵水位）和最低控制水位（停泵水位）。

8. 报警系统

（1）清水池水位报警：清水池最高水位、保证水位、限量水位、恢复水位和最低水位均能实现自动报警。

（2）水泵事故报警：水泵停车、流量减少报警。

（3）水泵出口止回阀和蝶阀事故报警。

（4）各流量计、水位计、真空压力计和压力计故障报警。

（5）电气设备事故报警：对水泵电机的过压、过流、欠压、短路进行监测报警；对电源电压、过压、欠压、缺相进行监测报警。

（6）污水集水坑积水不能及时排出报警。

（7）市区管网事故报警：根据泵站出口干管压力降幅度，判断管网事故，系统进行显示报警。

（8）泵站出口处的压力值报警：当泵站出口处的压力值超出或低于规定的压力值达一定的幅度时，进行报警。

9. 运行参数的自动监测

泵站内各项运行参数和经济指标要实现自动监测、记录、累计、统计报表和通信，实现管理自动化。主要包括如下参数：

（1）各清水池水位；

（2）吸水井水位；

（3）泵站出口处的压力；

（4）泵站出口处的流量；

（5）每台水泵进口处的真空或压力值；

（6）每台水泵出口处的压力值；

（7）每台水泵电机的电流、电压、功率和电耗等；

（8）泵站的电流、电压、功率和电耗等；

10. 控制系统示意图

控制系统示意图示于图 3-12。

11. 计算机系统

系统的硬件构成：系统由前置机和后置机组成硬件结构。

系统的软件构成：前置机的软件构成如图 3-13 所示，后置机软件构成如图 3-14 所示。

12. 抗干扰问题

（1）供电电源：计算机系统配有专用电源回路，设专用配电箱、隔离变压器和不间断电源 UPS；

（2）信号传输：所有模拟量信号传输线均采用屏蔽双绞线，屏蔽层一端接地；

（3）所有 I/O 信号均经光电隔离设施；

（4）配电箱、工作台等电器设备外壳均接保护地，计算机系统采用一点接地等措施，控制共模干扰；

（5）计算机系统的稳压电源具有过压、欠压和过流保护能力；前置机掉电，数据能持续保存 24h，系统掉电数据存贮时间<10min；

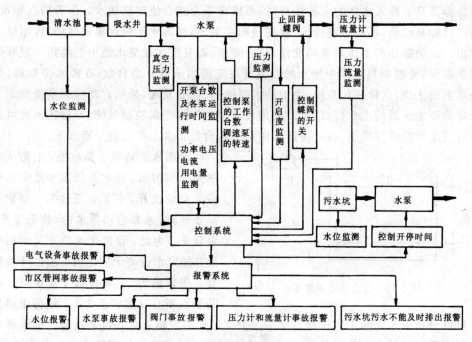

图 3-12　控制系统示意图

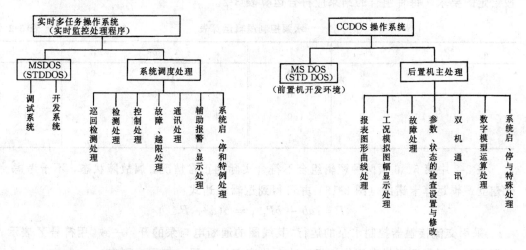

图 3-13　前置机软件构成　　　　　图 3-14　后置机软件构成

（6）软件设计按工艺条件划分模块，并有数据纠错、滤错和改错技术。

第二节　排水泵站的自动控制

城市排水系统的排水泵站主要包括污水泵站和雨水泵站。由于其工作特性不同，可以分别采用不同的水泵调控方式。

一、雨水泵站水泵的开停控制

在降雨时，城市雨水排水管网将雨水收集输送至水体（如江河湖泊等）排放。当排水管网的出口标高高于排入水体的水面标高时，可以靠重力式自流排放雨水。但若情况相反，排水管网出口标高较低，不能自流排出，就要设雨水泵站，将雨水汇集到集水池中，再由排水泵提升排出。这类泵站的工作具有间歇性，只在降雨、而且雨水在集水池中汇集到一定程度时才需启动水泵；要根据集水池中雨水的汇集量决定排水泵的开启台数；在雨水排空后，要及时停止水泵的工作。这样一种系统，关键是水泵的启、停要及时，采用自动控制系统是非常必要的。根据雨水泵站的工作特点，可以采用较简单的双位逻辑控制系统，即自控系统可以自动地进行雨水泵的开停控制、自行决定工作水泵的台数。其工作过程分析如下。

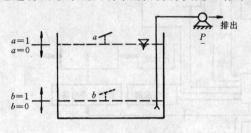

图 3-15　雨水泵站示意图

设雨水泵站有一集水池，汇集从排水管网来的雨污水，排水泵依该池中水位的高低来自动地开、停，如图 3-15。要求：水位高于 a 时，水泵启动排水；水位低于 b 时，水泵停止。为此，设两个水位开关于相应水位处，规定水位高于规定值，水位开关触点闭合，逻辑值为 1；水位低于规定值，水位开关触点断开，逻辑值为 0。依据逻辑分析方法，可以分析该系统的工作过程。这是一个有记忆的逻辑系统，可采用交流接触器建立逻辑控制装置。变量有水位开关 a、b 及代表水泵当前状态的附加变量 P_{t-1}，共有 8 种组合。按给定的要求，每种组合的结果应符合运算表 3-2。

<table>
<tr><td colspan="9" align="center">水泵控制逻辑运算表　　　　　　　　　　　　　　　　　　表 3-2</td></tr>
<tr><th>a</th><th>b</th><th>P_{t-1}</th><th>P</th><th>a</th><th>b</th><th>P_{t-1}</th><th>P</th></tr>
<tr><td>0</td><td>0</td><td>0</td><td>0</td><td>1</td><td>0</td><td>0</td><td>—</td></tr>
<tr><td>0</td><td>0</td><td>1</td><td>0</td><td>1</td><td>0</td><td>1</td><td>—</td></tr>
<tr><td>0</td><td>1</td><td>0</td><td>0</td><td>1</td><td>1</td><td>0</td><td>1</td></tr>
<tr><td>0</td><td>1</td><td>1</td><td>1</td><td>1</td><td>1</td><td>1</td><td>1</td></tr>
</table>

表 3-2 中第 5、6 项两种逻辑组合不符合实际的正常情况，属故障状态，不予考虑。由此建立逻辑运算卡诺图（图 3-16）并可得到逻辑表达式：

$$P = ab + bP_{t-1} = b(a + P_{t-1})$$

采用交流接触器控制水泵的运行，其线圈的通断电与泵的开停一致，用符号 Y 表示；接触器中的一对常开副触点用作记忆功能，代表 P_{t-1}，用 y 表示，则有：

$$Y = b(a + y)$$

于是可建立控制系统线路如图 3-17。

其工作过程如下：当水位低于 a 也低于 b 时，集水池处于空池状态，交流接触器的线圈处于断电状态，水泵停止；降雨时来水不断在池内聚集，逐渐高于低水位 b，使触点 b 闭合，但触点 a 仍断开，水泵不运行；当水位继续升高至高于高水位 a 后，水位开关 a 的触点闭合，接触器线圈 Y 导通，带动其主触点闭合，同时副触点 y 也闭合，水泵开始工作；随着水泵

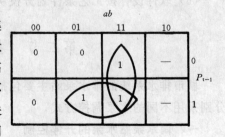

图 3-16　控制系统卡诺图

将水排出，池内水位下降，低于高水位 a，a 触点断开，但此时控制电路可通过副触点 y 导通，水泵仍在工作；直至水位降到低水位 b 以下，b 触点断开，控制线路中的线圈 Y 断电，主触点断开，水泵停止。

当雨水泵站有几台水泵时，只需对每台水泵分别设不同的高、低水位控制值，依次启动即可。

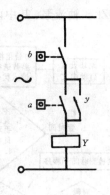

图 3-17 控制系统开关图

二、污水泵站的变速运行控制

在城市污水排水系统中，污水往往先由排水管网收集并输送到污水处理厂，经污水泵站提升后送到各处理单元进行处理。污水泵站一般按恒流量进行运行。其控制变量与控制过程与给水系统中一泵站的控制相近，在此不再重复。

另外一种污水泵站是中途提升泵站。排水管道一般是重力流方式，管道埋深逐渐加大。达到一定的埋深后，为了减小埋深、降低管网工程投资，往往设一污水提升泵站，它包括一个污水调节池和污水提升泵组。水泵的工作以保持污水调节水池的水位恒定为目的。

在污水提升泵站中，可以使用微机控制变速与定速水泵组合运行，以保持进水位稳定，降低能耗，提高自动化程度。以某污水系统的中途提升泵站为例。该泵站接受附近管网排入的工业和生活污水。由于进水量的变化很大，过去使用多台定速泵的形式，不能有效地控制进水位在警戒线以内，有时导致上游低洼地区跑冒污水。为了改善这种状况，选择了水泵变速运行并且使用微机控制的方案。

1. 控制系统的构成

变速系统使用微机作为主机，并配备足够的硬件同水泵机组、一次仪表、故障报警电路及抗干扰设施等连接组成。

（1）一次仪表计量的水位、水量、温度、电流、电压等数据及各种故障信号均通过转换器换成电压信号，经滤波器送入微机的 A/D 电路。

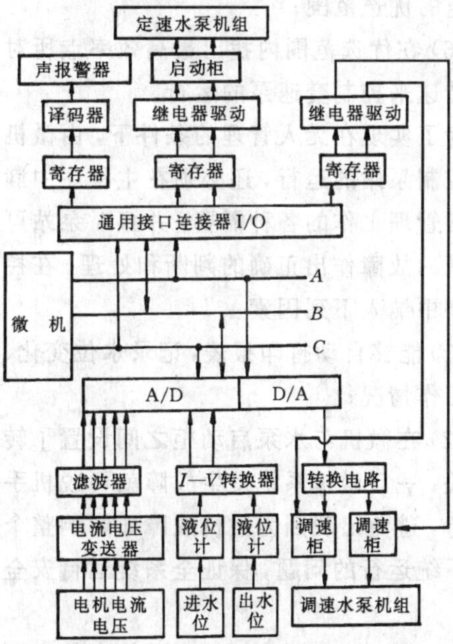

（2）微机输入的开停水泵信号，经过通用接口连接器、寄存器及继电器驱动后，控制定速水泵启动柜和变速水泵调速柜的开停。同时转速的控制由微机发出数字量调速信号，经过 D/A 转换成电压信号，送至调速柜执行。

（3）水泵发生故障时，微机要自动切除故障泵，启动备用泵，并通过报警电路发出声光报警信号。

（4）泵站的机电设备会产生大量磁辐射，造成电网上的干扰，为了保证微机的正常工作，除机房内墙要做金属屏蔽网，交流电源侧加稳压器、滤波器外，还要在输出开关电路采用两级继电器进行隔离，使干扰无法串入机内。

图 3-18 污水泵站控制系统框图

泵站控制系统框图见图 3-18。泵站设有 4 台

20ZLB 轴流泵，其中两台使用可控硅串级调速柜调节电机转速，使用一台 MC-176 微机，并且配置检测参数的压阻式液位计，多普勒流量计以及电流、电压、温度、转速等一次仪表，构成整套的微机控制定速与变速水泵组合运行的系统。

2. 系统软件设计

在拟定运行方案时，首先要确定控制运行的参数。根据目前污水计量仪表的水平和泵站的工艺条件，以水位作为控制运行的直接参数，以进水位换算的来水量作为间接参数较为可靠，并使用污水流量计进行核对。

变速运行可以实行水量控制、效率控制等各种方案。根据泵站的实际需要，选择了"水量平衡与效率优选"的控制方案，即在保持泵站进出水量基本平衡的基础上，通过优选使水泵在较高效率点工作。

具体步骤是：

（1）由进水位决定进水总流量值 $Q_总$；

（2）由进出水位之差决定静扬程 H_j；

（3）调数据表查出在该静扬程下额定转速时的流量值为 $Q_定$；

（4）变速泵所需的流量 $Q_变 = Q_总 - Q_定$；

（5）根据每分钟检测水位涨落的多少决定转速的优选范围；

（6）在优选范围内找出最高效率点所对应的转速来控制变速泵的运行。

为了实现在无人管理的条件下，由微机自动控制泵站的运行，还必须在主程序中满足正常管理工作的各种需要，并且对泵站可能出现的故障作出正确的判断和处理。在控制程序中纳入下列因素：

（1）能够自动打印报表，记录水位变化、电机工作情况；

（2）在微机与水泵启动柜之间设置了转换开关，一旦微机系统发生故障就可脱机手动运行，避免出现因为微机故障而影响整个排水系统运行的问题，保证全系统运行安全可靠；

（3）实现了水泵之间的自动换车使之运

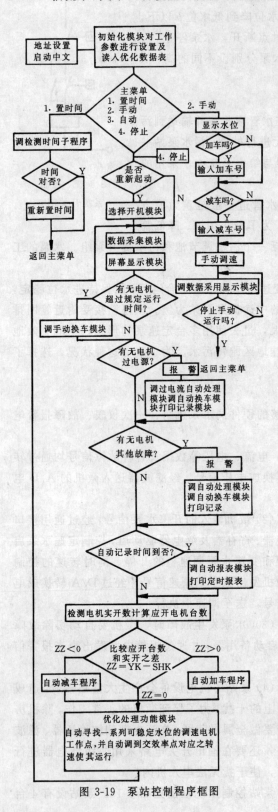

图 3-19 泵站控制程序框图

行时间均一；

（4）在运行的水泵发生故障时，微机会自动切除故障泵，启动备用泵，通过报警电路发生声光报警信号。泵站的控制程序框图见图3-19。

3. 运行效益分析

泵站污水系统改建以来，变速与定速水泵组合运行经过了两年的实践，证明软硬件完备，工作状态良好，产生了一定的社会效益和经济效益。

（1）运行效果证明，它在稳定泵站水位方面的功能比定速水泵优越得多，从而清除了存在多年的运转失调现象，不再发生因加泵而使下游井跑水、减泵而使上游工厂排水困难的问题了。

（2）运行记录说明，经过优选决定的水泵转速能使水泵效率维持在79%～81%之间，基本实现了高效率运行。经测算，目前的变速运行同以往定速运行相比，可节约能耗10%左右。

（3）使用微机控制泵站运行，可以达到准确、严密、安全、可靠的程度，比人工管理更为科学，所以泵站的管理可以由原来的"值班定岗"改为"巡回检测"的办法，管理人员可以减少2/3左右。另外也避免了机组设备的开停频繁，降低了设备的维修率，延长了使用寿命；同时由于泵站可以做到低水位运行，可以使上游重力式管道中污水流速维持自清流速以上，减少管道疏通掏挖的工作量。

（4）在变速运行中不再需要考虑集水池调蓄容积和机组容量的大小搭配，所以变速泵站可以将集水池容积减少到最低程度，从而减少泵站的占地、工程量、施工难度和工程造价。

第三节　城市供水系统的自动化监控

随着城市人口的增多，工业生产的飞速发展，城市自来水的取水、净化、调配等一系列的处理手段也相应发生了质的变化。由过去传统的人工操作、经验判断，发展到如今利用计算机、检测仪表进行数据分析、自动化控制及应用知识工程来实现高质量供水工艺控制，以及水的生产供配、管理。现在许多自来水公司已建立了以计算机为核心的实时数据收集、存贮、显示、处理和优化调度系统，以及水质自动化控制和设备运行状态自动监视系统，其目的是：保护水源、提高水质、合理调配用水量；降低水单耗，节约能耗，提高水费回收率；监视事故，消除隐患，减轻劳动强度，提高工作效率和效益。

城市供水系统的监控与调度一般分为两级。第一级是城市供水的调度中心对各净水厂、管网测压点进行监测和调度。第二级是净水厂的控制室对净化工艺设备和水源井群进行监测和调度。

大、中城市的供水系统通常是由几个净水厂向多环管网供水，每个净水厂

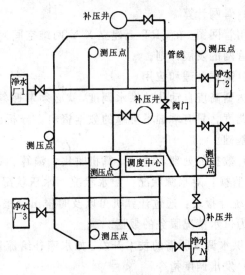

图 3-20　城市供水系统图

的配水泵站设有数台机泵，同时配水管网的不同地段设有测压点和管线阀门。

为了保证整个供水系统在安全可靠、经济合理、水质合格的情况下运行，调度人员必须随时掌握各部位的运行参数和状况，及时调度和操作各种生产设备，及时处理各种异常情况。

城市供水系统的调度形式如图 3-20 所示。

一、系统结构和功能

比较典型的供水监控与调度系统由主控管理子系统、管网事务处理子系统、设备管理子系统、预测系统和其它应用等功能组成。

基本功能：

具备送配水设施的集中监视与控制、预测与咨询等在线功能，和具有各种报表处理、管网计算与分析等不在线功能的配水调度管理系统。系统的基本功能具体表现在以下方面。

（1）集中监视、控制

这部分的功能主要完成各种供配水设施监视画面显示（系统表示、报警表示、设定值表示、时间推移图、状态变化等）；各设施发生事故监视（上下限、偏差、泵运转方式、泵的送水量等）；部分加压站和出水口流量的控制。同时完成一些数据的处理，如：水量管理日报、配水量月报等的报表功能和数据库文件，以及各种配水量数据传送的在线服务。

（2）预测咨询系统

对需要预测的供配水参量，如日配水量、时供水量（净水厂）的超前预报；取水量的季节性预测，以及配水池水位的预测等，均通过系统的数据库和相应的知识库来反映。

（3）设备管理与运转台帐

对与其配套的设备建立管理台帐，如：各种设施、电气设备、机械、仪表和其他主要的设备及运转台帐（如泵、阀等）。

（4）管路台帐

建立管路台帐和阀门台帐，便于调度人员对管网的管理和进行管网图的表示、分析，完善管网数据库。

（5）管网计算

利用管网图（在 CRT 上建立 X-Y 两维空间）对实际管网和模拟管网的分析与计算，提出配水管网的发展计划。

二、数据管理和应用

要达到高度自动化的供水调度，就必须掌握各种可靠的数据。数据不正确，就不能保证可靠的调度。只有掌握了可靠的数据资料，分析出其规律，才能作为开发供水工艺控制和调度的基础。

（1）数据的处理，通过计算机收集、演算、贮存数据达到如下目的：

① 监视：对水源状况、配水状况、水压状况、气象状况实时进行监视。

② 统计报表：通过计算机可以及时报出日报、月报、年报，关于水量等统计数据，以及其他为供水情况服务的数据。

③ 供水调度所需的技术开发。如水库补给流量、配水量的预测、模拟管网的供水情况。

（2）发出调度指令

① 原水调度计划：为使原水能有效地利用，对贮水池的放流量和各净水厂的取水量等

都必须按调度计划进行控制。

② 配水计划：各给水区域干线的配水，都要根据其实际的需水量，实行计划配水。

③ 泵的运转计划：各配水泵在不同时间的扬程和流量的计划。

④ 变更供水系统的供水计划：配水管施工、事故及缺水时的相应配水系统供水量的变更。通过掌握可靠的数据，经过计管机处理发出调度指令，从而使供水系统能有效地进行综合调度。

三、中心调度室的设施

在中心调度室，应能对供水系统各个环节的工况进行实时监测、记录，并及时发布调度指令。各种参数、状态，可以图形、数据、表格的方式予以显示。一般可以考虑设立大屏幕动态模拟盘显示，值班人员可以直观清晰地监视全市供水情况。

上述功能的实现可由一个双重化主计算机系统来完成。从系统内部可分为 L-CPU 组和 R-CPU 组的处理工作方式。在线组主要完成集中监视和控制功能。正常时由 L-CPU 进行处理。当 L-CPU 发生故障时，作用可自动移向 R-CPU 继续工作。另外，在两台 CPU 之间同时采用一存储数据的磁盘，数据库资源共享。当磁盘出现故障时，另一侧备用磁盘启动工作。由于系统本身构成的双重化功能，使系统能始终处于高度可靠、稳定的工作状态，具有良好的实时性（见图 3-21）。

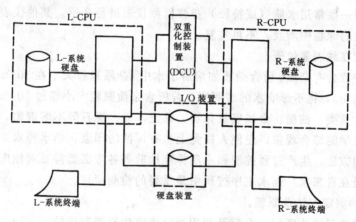

图 3-21 双重化系统示意图

思 考 题 与 习 题

1. 给水泵站按用途可以分为哪几类？

2. 常用的流量监测仪表有哪些？各有什么特点？

3. 离心泵的调节精度与哪些因素有关？

4. 何为调节阀的理想特性？何为调节阀的工作特性？

5. 给水泵站水泵的调节方式有哪几类？各有什么特点？

6. 雨水泵站与污水泵站各有什么特点？体现在控制方式上有什么不同？

7. 城市供水系统的自动监测一般应包括哪些内容？

8. 中心调度室的作用是什么？应有哪些设施？

第四章 水处理过程的控制技术

第一节 常用水质检测仪表与设备

水处理过程监控常用仪表与设备，可分为以下几大类：

(1) 过程参数检测仪表。它包括各种水质（或特性）参数在线检测仪，如浊度、pH值、电导率、溶解氧等的在线测量装置，以及流动电流检测仪、透光率脉动检测仪等；给水排水系统工作参数的在线检测仪，如压力、液位、流量等。

(2) 过程控制仪表。以微电脑为核心的各种控制器，如微机控制系统、可编程序控制器、微电脑调节器等；常规的调节控制仪表，如各种电动、气动单元组合仪表等。

(3) 调节控制的执行设备。包括各种水泵、电磁阀、调节阀、以及变频调速器等。

(4) 其他机电设备。如交流接触器、继电器、记录仪等。

本章仅对一些常用水质（或特征）参数检测仪表进行介绍。其他仪表已在前述有关章节或其他相关的课程中涉及，不再重复。

一、浊度在线测量仪表

天然水中皆含有杂质。所含杂质如溶解于水中（杂质颗粒大小在 10^{-6}mm 以下，呈离子和低分子状态时），将不影响水的透明度。若所含杂质颗粒大小超过 10^{-6}mm，如各种有机物质、细菌、藻类、油脂、金属氢氧化物、粘土、砂、砾石等不溶解物，则会影响水的透明度，造成光学的综合现象，遂使人视觉上呈有浑浊的印象。给水排水工程中，在评价水源、选择处理方法、生产过程控制和水质标准检验等各方面都需要对浊度做严格和精密的测量，特别是在自来水厂制水工序过程中是重要的检测项目。

1. 浊度的测定方法及原理。

目前各种类型的浊度仪，全都是利用光电光度法原理制成的。

悬浊液体是光学不均匀性很显著的分散物质。当光线通过这种液体时，产生非常复杂的现象。除在光学分界面上产生反射、折射、漫反射、漫折射等现象以外，与液体浊度有关的光学现象有：第一，光能被吸收。任何介质都要吸收一部分在其中传播的辐射能，因而使光线折射透过水样后的亮度有所减弱。第二，水中悬浊物颗粒尺寸大于照射光线的半波波长时，则光线被反射。若此颗粒为透明体则将同时发生折射现象。第三，颗粒大小小于照射光线的半波波长时，光线将发生散射（或称漫反射、衍射）。由于这些光学现象，当射入试样水的光束强度固定时，透过水样后的光束强度或散射光的强度将与悬浊物的成分浓度等形成函数关系式。根据比尔-朗白定律和雷莱方程式，可提出如下的函数式：

$$I_t = I_0 e^{KdL} \tag{4-1}$$

式中　I_0——入射光强度；

　　　I_t——透射光强度；

　　　K——比例常数；

d——浊度；

L——光线在水样中经过的长度。

$$I_C = KI_0NV^2/\lambda^4 \tag{4-2}$$

式中　I_C——散射光强度；

　　　　N——单位容积内的微粒数；

　　　　V——每个微粒的体积；

　　　　λ——入射光线的波长。

以上两个方程式清楚地表示了透射光和散射光强度与浊度的关系。通过光电效应又可将光束强度转换为电流的大小，用以代表浊度。这就是当前各类浊度仪的工作原理。

2. 浊度仪的分类

浊度仪可有不同的分类方法。例如：按照所测浊度的高低，可分为低浊度仪、中浊度仪和高浊度仪；按照表达示数的方式可分为指示型、数字计数式和自动记录式；按照其作用不同，可分为实验室用（间歇式）、过程控制用（连续式）、高温或高压等特殊用途等；按照构造特点，可分为窗口测定型式、落流式、振动镜式、积分球式等等。但是，按照浊度测定方法来分类是最为常见的。这可分为：(1) 透射光测定法；(2) 散射光测定法；(3) 透射光和散射光比较测定法；(4) 表面散射光法。

3. 浊度仪的基本构造及特点

(1) 透射光测定法

射入液槽的平行测定光束，通过水样受到衰减后达到受光部的光电池或光电管。当液槽通过流动的水样时，则成为连续测定型的仪器。这种方法结构比较简单，测定范围较广，可以测定高浊度。但其受干扰因素较多，稳定性差。

(2) 散射光测定法

来自光源的光束投射到试样水中，由于水中悬浮物而产生散射。前已指出，这一散射光的强度同悬浮颗粒的数量和体积即浊度成正比，因而可依据测定散射光强度而知浊度。

此方法和前述透射光测定法一样具有测定窗，所以要受窗口污染的影响。

散射光方法较透射光方法能够获得较好的线性，检测感度可以提高（达到 0.02NTU，NTU 代表浊度单位），色度影响也可稍小些。这些优点，在低浊度的测量中更加明显，因此一些低浊度仪多采用散射光方法而不用透射光测定法。

(3) 表面散射光测定法

此方法是把试样水溢流，往溢流面照射斜光，在上方测定散射光的强度来求出浊度。这一方法与散射光法原理相同，但其优点有：

① 因为没有直接接触试样水的玻璃窗口，所以无测定窗污染问题；

② 线性好；

③ 色度影响小于散射光法；

④ 测定范围广，从 0～2NTU 的低浊度至 0～2000NTU 的高浊度均可测定。在测定高浊度水样时，可以直接测定而不用稀释水样的办法；

⑤ 在各种取样流量的范围内都能使用；

⑥ 可用标准散射板进行校正，日常校正时不用配制标准液。

二、pH 在线测量仪表

pH 是一项常用的水质参数，用以描述水的酸碱状况。

1. pH 测量系统原理

pH 是氢离子活度的负对数：

$$pH = -\lg\alpha \qquad (4-3)$$

式中 α——氢离子活度；

pH——氢离子活度的负对数。

其中"p"只表明了在离子和变量之间有一种指数相关的数学关系。带一价正电荷的氢离子存在于全部含水或酸的液体中。在稀溶液中，氢离子活度近似等于其浓度。

电极电位法测量 pH 是基于两个电极上所发生的电化学反应。用电极电位法测量溶液 pH 值，可以获得较准确结果。

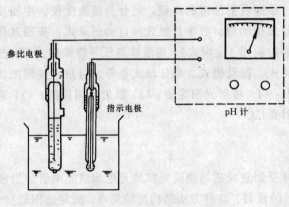

图 4-1   电极电位法 pH 测量原理

电极电位法的原理是用两个电极插在被测量溶液中（见图 4-1），其中一电极为指示电极（如玻璃 pH 电极），它的输出电位随被测溶液中的氢离子活度变化而变化；另一电极为参比电极（例如氯化银电极），其电位是固定不变的。上述两个电极在溶液中构成了一个原电池，该电池所产生的电动势 E 的大小与溶液的 pH 值有关，电动势 E 与 pH 的变化关系可用下式表示：

$$E = E^* - D \cdot pH \qquad (4-4)$$

式中 E——测量电池产生的电动势；

E^*——测量电池的电动势常数（与温度有关）；

pH——溶液的 pH 值；

D——测量电极的响应极差（与温度有关）。

因此，若已知 E^* 和 D，则只要准确地测量两个电极间的电动势，就可以测得溶液中的 pH 值了。

根据电极法原理构成的测量系统，由发送器（即电极部分）和测量仪表（如变送器等）两大部分组成。

对溶液 pH 值的测量，实际上是由发送器所得毫伏信号经由测量仪表放大指示其 pH 值。该发送器所得的毫伏信号就是由指示电极、参比电极和被测溶液所组成的原电池的电动势。

2. pH 测量仪表

（1）pH 测量仪表的基本要求

工业在线检测用 pH 装置，必须使用具有信号隔离作用的 pH 测量仪表，否则可能造成外参比电位旁路，使外参比电极极化，造成显示不稳，使测量误差增大。

根据 pH 电极的特点，对 pH 测量仪表有下列基本要求：

a. 计量特性：高输入阻抗，低输入电流，高稳定性，低漂移，低显示误差。

b. 调节特性：要求有零点（定位）调节，斜率（灵敏度）调节，温度补偿调节和等电位点调节。

c. 使用特性：要求有显示、信号隔离和电流或是电压信号输出。

（2）pH 测量仪表的主要技术指标

a. 仪表的输入阻抗

玻璃 pH 电极内阻约几百兆欧，微小电流流过电极就会引起显著的电压降。因此，pH 测量仪表应有足够高的输入阻抗。所谓仪表输入阻抗是指跨接仪表输入端的等效电阻。为了保证测量误差小于 1‰，仪表输入阻抗应大于测量电池内阻（也即 pH 电极内阻）的 999 倍。

b. 仪表输入电流

仪表输入电流是由仪器输入端电子器件的泄漏电流所产生的。输入电流一般随输入端电压变化而变化，由于仪器输入电流会在测量电池等效电阻上产生额外电压，从而造成测量误差。

c. 仪表的稳定性

仪表的稳定性是一项综合性指标，温度对元器件的影响、电源引起的波动、仪器的抗干扰特点等都将影响仪器的稳定性。仪表不稳定将直接影响到读数的准确度和重现性，特别是用于连续或自动测量的 pH 测量仪器，对稳定性要求更高。性能良好的仪器当电源电压变化 ±10% 或连续使用 24h 后，显示飘移为 ±2mV（约 ±0.03pH）以内，高精密度仪器要求此值在 ±0.5mV（约 ±0.007pH）以内。

d. 仪表的测量范围及分辨率

目前使用的 pH 仪表测量范围基本上都设计成 0~14pH 数字显示，有些设计成分档可调式。对实验室使用的高精度 pH 计，分辨率可达 0.001pH；工业现场中使用的 pH 变送器，分辨率大都为 0.01pH 或者 0.1pH，因为工业现场影响测量 pH 准确度的因素主要不是仪表的分辨率，而是其他干扰。

e. 仪表的信号隔离及信号输出

工业现场中使用的 pH 测量仪表，必须具有信号隔离功能，及信号输出远传的能力。信号输出格式为电压（0~10mV 或 0~5V）或电流（0~10mA 或 4~20mA）信号。

三、溶解氧的在线测量仪表

溶解氧是一项重要的水质参数，在活性污泥法污水处理工艺中，溶解氧测定还是保证处理工艺正常进行的主要过程控制参数。溶解氧的在线测量可以采用电极测量法。

1. 氧电极的基本类型

在分析工作中所使用的电极可分为两种类型，即电位型电极和电流型电极。

电位型电极是利用一种特定离子的活性产生电位。这些电极的实例是玻璃 pH 电极及大多数离子选择电极。测量的是指示电极与一个惰性参考电极之间的电位差，而参考电极的电位必须是恒定的。

氧电极大体上有两种类型，即没有膜的电极和有气体渗透膜的电极（Clark 型电极）。

如今广泛应用的是按照 Clark 原理制作的复膜电极，它与没有膜的电极比较，具有可在气体与溶液中测量氧、电极与溶液不相互污染、电极响应与被测介质的流动关系很小等优点。

2. 溶氧测定仪表

通常溶氧电极输出电流信号都送至溶氧放大器（或溶氧变送器），由后者把电极信号转换为一定的溶氧单位显示出来。除显示功能外，溶氧放大器还应具有以下功能：

a. 零点（残余电流）补偿；

b. 灵敏度（斜率）校正；

c. 温度补偿；

d. 信号隔离；

e. 信号输出（按规定格式）；

f. 有的仪表还有量程切换和溶氧超限设置与报警功能；

g. 现场安装的溶氧仪应考虑防漏、防尘、防湿要求。

溶氧放大器与 pH 变送器比较在技术上较容易实现，这是因为溶氧电极输出信号阻抗较低。

四、流动电流原理与检测技术

1. 流动电流原理

根据现代胶体与表面化学理论，在固液相界面上由于固体表面物质的离解或对溶液中离子的吸附，会导致固体表面某种电荷的过剩，并使附近液相中形成反电荷离子的不均匀分布，从而构成固液界面的双电层结构，其中反离子层又分为吸附层与扩散层。当有外力作用时，双电层结构受到扰动，吸附层与固体表面紧密附着，而扩散层则可随液相流动，于是在吸附层与扩散层之间会出现相对位移。位移界面——滑动面上显现出的电位，即众所熟知的 ζ 电位。由于双电层中固液两相分别带有电性相反的过剩电荷，在外力作用下会产生一系列的电动现象。其中流动电流即指在外力作用下，液体相对于固体表面流动而产生电场的现象，是电渗的反过程。事实上，就是扩散层中反离子随液相定向流动，即电荷离子定向迁移的现象。

可以推导出，在流动电流与 ζ 电位之间，有下列关系式：

$$i = \frac{\pi \zeta P \varepsilon r^2}{\eta l} \tag{4-5}$$

式中 i —— 流动电流；

P —— 毛细管测量装置两端的压力差；

ε —— 液体介电常数；

r —— 测量毛细管半径；

l —— 测量毛细管长度；

η —— 液体粘度。

式（4-5）为流动电流的基本数学表达式。上述基本关系式表明，影响流动电流的因素可分为两大类：一类为热力学因素，尤其是溶液中电解质的成分影响较大；另一类是动力学因素，液体的流态与流动条件有重要的影响。

从实用的角度，可以建立适合各种流态的流动电流与断面平均流速 $\bar{v}$ 的统一经验表达式：

$$i = C \zeta \bar{v} \tag{4-6}$$

式中，C 为与测量装置几何构造以及介质物理化学特性有关的经验系数。

式（4-6）不仅适用于层流，也适用于紊流。式（4-6）表明在介质条件不变时，流动电流与毛细管内液体的平均流速成正比。但应注意在层流和紊流不同条件下，系数 C 的数值是不同的。

流动电流的大小不仅与固液界面双电层本身的特性有关，还与流体的流动速度、测量装置的几何构造等因素有关，所以流动电流值仅具有相对意义。在实际应用中，往往利用的是流动电流的相对变化，而不是绝对数值的大小，例如流动电流混凝控制技术即是如此。

2. 流动电流检测器

流动电流检测器（图 4-2）可用于检测水样中胶体粒子的荷电特性，它由检测水样的传感器和检测信号的放大处理器两部分构成。传感器主要由圆形检测室（套筒）、活塞和环形电极组成，活塞和检测室内壁之间的缝隙构成一个环形毛细空间。当活塞在电机驱动下作往复运动时，水样中的微粒附着在"环形毛细管"壁上形成一个微粒"膜"，水流的运动带动微粒"膜"扩散层中反离子运动，从而在

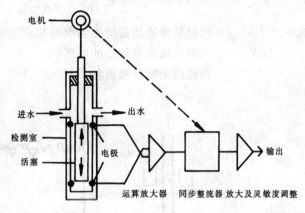

图 4-2　流动电流检测器原理示意图

"环形毛细管"的表面产生交变电流，此电流由检测室两端的环形电极收集并经放大处理后输出。

由检测室输出的原始信号极其微弱，在 $10^{-8} \sim 10^{-12}$ mA 数量级，而且由于信号是由活塞的往复运动产生的，该原始信号是一个频率约为 4Hz 的近似正弦波，必须对之进行适当的处理，调制为有一定信号强度的、与水中胶体杂质电荷变化一一对应关系的直流响应信号。这一任务就由信号处理部分完成，它包括同步整流、放大及放大倍数调整、滤波等部分，最后得到的输出值为以 $4 \sim 20$ mA 或以 $-10 \sim +10$、$0 \sim 100\%$ 等相对单位表示的标准信号，即为所谓的流动电流检测值，相对地代表水中胶体的荷电特性，可作为系统的控制参数。

五、透光率脉动检测技术

研究水处理混凝特性，希望能有一种反映絮凝程度的方法，能直接反映絮凝体形成过程即絮凝体粒径的变化。絮凝检测仪可以满足这一要求。

1. 透光率脉动现象

在悬浮液中，细小的颗粒进行布朗运动，一定体积内所含颗粒数量会随着进出该体积的颗粒的随机扩散而发生变化，这可用光学显微镜直接观察到。

如果悬浮液是连续流动的，并且每次被检测的体积相同，则在该体积内的颗粒数目由于同样原因也随机变化，且遵循泊松分布。

对一定体积悬浮液中颗粒数目的变化（脉动）进行可靠有效的检测，在很大程度上取决于检测样品的体积大小。取样体积越大，脉动成分越小，越不易检测；如取样体积较小，脉动程度相对较高，就容易检测。

通过如下的装置可使检测在实际中得以实施。在一个流过悬浮液的管形器皿两侧，分

别放置光源和检测器，如图 4-3 所示，使光源的光线透射过悬浮液，照射到检测器上。如光路在悬浮液中的长度为 L，光束的有效截面积为 A，则检测到的水样体积为 AL，光束内平均颗粒数为：

$$v = NAL \qquad (4-7)$$

其中 N 为单位体积中的颗粒数。

于是可以得到：

$$\overline{I}/I_0 = \overline{V}/V_0 = e^{-vC/A} \qquad (4-8)$$

式中　$\overline{I}$、$\overline{V}$——通过悬浮液的透射光强度与相应的电压；

$\quad\quad I_0$、V_0——入射光强度与相应的电压；

$\quad\quad C$——颗粒的光散射截面积。

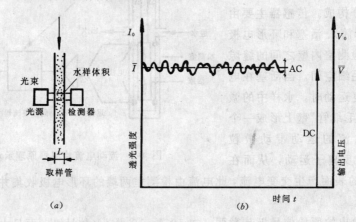

图 4-3　透光率脉动检测原理示意图

当悬浮液连续流过时，光束内的真实颗粒数将在平均颗粒数 v 的周围随机变化，透射光强度也产生相应的脉动。对于很小的样品体积，因为颗粒数量的变化，有可能得到明显的透射光强度脉动。在一个直径为 1mm 圆柱形管中，如透射过的光束直径约为 0.2mm，则有效的取样体积约为 $3 \times 10^{-5}\text{cm}^3$，这样的条件在实际中很容易实现，在悬浮液流过时就可明显地观察到浊度的脉动。

从光电检测器出来的信号通常有一部分是直流（DC）成分，其相应于平均透射光强。另一部分是非常小的脉动（AC）成分，由悬浮液中颗粒随机变化而来。AC 成分可能非常小（仅几个微伏），但将其从 DC 成分中分离出来是简单的。对分离出的脉动信号就能进行放大和分析了。

2. 絮凝检测仪的基本组成和构造

根据实际需要的不同，絮凝检测仪可有几种形式，一般的基本组成主要有以下两个部分：传感器和信号处理器。其中传感器主要由光源、光电检测管和取样管等组成；信号处理器主要由信号处理电路、信号显示和输出组成。

（1）光源：一般采用发光二极管作为光源，但要求发光强度高、运行稳定、噪音低、发射角小，发射波长窄等，也可用激光发射管。实际上多采用红外线波长的范围，这样比较适宜絮凝前后颗粒粒径的要求。

（2）光电检测器：主要用光敏二极管，要求精度高、噪音低、接收光波长与光源相匹配。一般多用光导纤维引导光线至取样管，并将透射光引导至光敏二极管，根据要求可以改变光敏感面积的大小。

（3）取样管：一般要求用透明材料的管材，如玻璃管、透明塑料管等，根据要求可选用多种管径以适应不同水质条件及絮凝情况，如低浊度水时可选用直径较小的管以提高灵敏度，高浊度水或污泥调理过程可选用较粗的管，因为形成的絮凝体可能较大。

（4）传感器形式：如图4-4，用于工业或实际生产的传感器产品型式，一般多采用固定式，所有结构都固化成一个整体，很少在运行中变化，便于在生产应用中操作、管理和维护。根据应用领域的变化，传感器可设计成具有防水、抗压、防爆、防寒等多种特殊要求的型式。

（5）信号处理电子电路：其主要有信号放大电路、交直流分离电路、交流直流转换电路、信号相除电路等，以及滤波、限制、计数、超负荷等辅助电路。

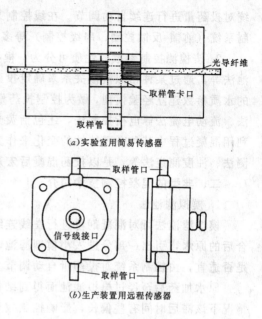

（a）实验室用简易传感器

（b）生产装置用远程传感器

图 4-4　传感器形式示意图

第二节　自动投药装置

投药混凝是地表水处理的基本工艺与关键环节，它决定着后续处理工艺的质量。投药混凝自动控制的核心是投药量的控制。投药量不足，混凝达不到预定的要求，影响处理质量；投药量过高，同样处理质量可能恶化，而且还增加水处理费用。在水处理系统运行费用中，药剂费仅次于电费，占第二位。因此，投药量控制是影响水处理工艺技术经济效益的重要因素。投药控制技术有多种，在此基础上形成了不同的自动投药装置。

一、投药混凝控制技术分类

对一个特定的水处理工艺系统，净水构筑物的型式与性能已定。混凝控制是指及时调整混凝剂的投量，以适应原水水质、水量、混凝剂自身效能等的变化，保证沉淀水浊度达到规定指标。要达到这样一个目的，需解决两个基本问题。其一，水质、水量、药剂性能等的监测评价，要有适当的参数指标来反映这些因素的变化，称为输入参数；其二，混凝剂投量调整值称为输出参数，已测得输入参数的某种变化，输出参数应如何调整，即需确定输出参数与输入参数的某种关联。选择不同的因素作为输入参数，并通过不同的方法确定输出参数，就构成混凝投药控制的各种不同的技术方法。对这些方法可以从不同的角度进行分类。

1．按控制的方式可分为：

（1）脱机控制，如经验目测法、ζ电位法等，根据实验或观测的结果，对投药工况进行间歇式的人工干预调整；

（2）在线控制，即各种自动控制方法，根据对控制参数在线连续检测的结果，控制系统对投药量进行连续自动调节。在线控制又可划分为：简单反馈控制、前馈控制、复合控制系统（前馈-反馈控制、串级控制）等多种控制方式。

2. 按检测控制参数的性质可分为：模拟法，包括烧杯试验法、模拟滤池法、模拟沉淀池法等，通过某种相似模拟关系来确定投药量；水质参数法，如数学模型法等，通过表观的水质参数建立经验模型，做为控制投药量的依据；特性参数法，包括ζ电位法、胶体滴定法、流动电流法等电荷控制法，还包括荧光法、脉动参数法、比表面积法等，这类方法皆利用混凝过程中某种微观特性的变化来作为投药量的确定依据；效果评价法，包括经验目测法、浊度测定法等，是以投药混凝后宏观观察到的实际效果为调整投药量的依据。

二、典型的混凝控制技术简介

1. 模拟滤池法

模拟滤池法可对混凝剂量进行在线连续控制。工作过程是：将生产净化系统中加药混合后的原水，引出一部分进入小模型滤池，根据该滤池出水浊度的情况来评价混凝剂投量是否适宜，由控制系统对投药量自动调节。属于一种中间参数反馈控制系统。

原水加药后至经过模拟滤池而得到结果，一般需时 $10\sim15\text{min}$，在原水水质变化较快的情况下该滞后时间有些偏长，影响控制效果。尽管如此，这种方法将一个复杂的混凝效果评价问题以简单的模拟滤池出水浊度为指标判断，据此来调整混凝剂投量，系统设备简单，易于实现，是一种简易的投药自动控制方案。

2. 数学模型法

数学模型法是以若干原水水质、水量参数为变量，建立其与投药量之间的相关函数，即数学模型；计算机按此模型自动采集数据，控制投药。

（1）数学模型的形式和建立。常见的投药量数学模型的形式有多元线性模型、幂模式模型，浊度幂模式模型等，以第一种为多。国内外一些水厂都对此开展了研究，并提出适合本厂特定条件的数学模型。例如苏洲胥江水厂在 1964 年建立了我国最早的数学模型：

$$y = -0.1704x_1 + 0.3386x_2 + 5.1607x_3 + 14.5219 \tag{4-9}$$

式中　y——投药量，mg/L；

　　　x_1——原水温度，$^\circ\text{C}$；

　　　x_2——原水浊度，度；

　　　x_3——原水耗氧量，mg/L。

数学模型的建立包括两方面的内容，一是模型参数的选取，这往往要综合多年的生产经验、混凝试验、数学统计检验以及参数的可测性等因素确定；二是模型中各系数的确定，这可以根据多年的运行资料，由统计分析确定，也可以对长期烧杯试验的结果进行统计分析确定，然后在生产上加以修正。

数学模型仅是一种经验模型，只具有统计意义，而不反映药耗的本质内涵。

（2）数学模型的改进。前述模型属于一种前馈模型，只能用于开环控制，即按原水水质等参数的变化进行投药，混凝结果如何并不反映在控制系统中。这就要求前馈模型应十分精确可靠，才能达到预期的控制效果，这在实践中是困难的。作为宏观统计模型并不能保证时时刻刻都是准确可靠的。对此做出的改进，是采用前馈给定与反馈微调相结合的前馈-反馈复合控制模型。例如上海石化总厂水厂的模型：

$$K = 291.5 + 0.2217x_1 + 9.9688x_2 + 37.9375x_3 + 0.5886x_4$$

$$- 2.6489.10^{-4} \cdot e^{(x_2-21)} - 1.5388.10^{-3} \cdot x_1^2 - 1.2520 x_2 \cdot x_3 \qquad (4\text{-}10)$$

$$\Delta K = \begin{cases} 0.083(5-x)^3 - 0.75(5-x)^2 - 0.333(5-x) & (x \leqslant 5) \\ -0.03(x-5)^3 - 0.432(x-5)^2 + 1.258(x-5) & (5 < x \leqslant 12) \\ 20 & (x > 12) \end{cases}$$

式中　K——前馈药量，kg/km³；

　　ΔK——反馈微调药量，kg/km³；

　　x_1——原水浊度，度；

　　x_2——原水温度，℃；

　　x_3——原水 pH 值；

　　x_4——沉淀池进水量，m³/h；

　　x——沉淀池出水浊度，度。

上式是以沉淀水浊度 5 度为目标值，适用于水温大于 21℃的情况；当水温小于 21℃时，另有一组模型（在此从略）。

这样一种带反馈微调的模型，可以弥补前馈模型的不足，提高控制精度，稳定出水水质，但模型的形式相对复杂化了。

此外，还有采用模糊数学方法，并且具有自适应功能的新数学模型的研究。

（3）数学模型法混凝控制系统。按数学模型形式不同，可建立前馈简单控制系统或前馈-反馈复合控制系统控制混凝投药。自动控制系统主要由一次仪表、控制中心及执行机构三大块组成。要求对模型中涉及的每项水质参数及原水流量、药液流量，药液浓度等参数均能自动连续检测，由计算机系统自动采集并按数学模型运算，控制投药执行机构（如调节阀）给出要求的投药量。典型的系统如图 4-5。该系统共包括 7 个参数的检测仪表，微机控制系统一套，电动调节阀一套等设备。可见这种投药控制系统的仪表较多，并要求每台仪表都能准确可靠地工作，整个系统才能正常运转。因此，许多水厂虽建立了自己的数学模型，但都未能实现以数学模型法控制投药。特别是有些模型中包含目前难以在线连续检

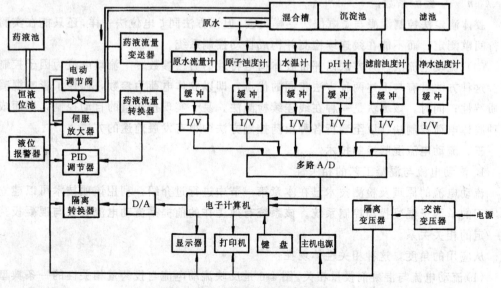

图 4-5　数学模型法混凝控制系统

测的参数（如氨氮等），自动控制系统的实现就更加困难了。

3. 胶体电荷控制法

混凝剂通常属于电解质类物质。其首要作用是与水中胶体杂质发生电中和并通过增大水中离子浓度来压缩胶体的双电层，降低ζ电位，从而使胶体杂质脱稳凝聚，进而絮凝。使胶体杂质脱稳是有效混凝的基础。据介绍，一般原水中粘土颗粒的ζ电位在$-10\sim-30mV$范围内，而当ζ电位降至$+5\sim-10mV$范围时，就可获得较好的混凝效果。当然，混凝效果如何还与采用的混合反应设备及其工作参数有关，而最终的净水水质还与后续处理工艺的诸因素有关。但对于一个特定的净水系统，这些因素都为常数，则胶体杂质的荷电特性、即ζ电位的高低，就成为评价其混凝效果的决定性的因素。一个稳定的工艺系统，必存在满足混凝澄清要求的胶体电荷值，只要控制混凝剂的投量，使胶体的ζ电位降低至该目标值，就可达到要求的混凝效果。因此以胶体电荷为中间参数控制混凝就成为混凝投药控制的本质方法。

胶体电荷的测定技术，是该类投药控制方法的关键性问题，不同的测定技术就构成了不同的控制方法。典型的有：

（1）ζ电位法。直接测量胶体的ζ电位，做为确定投药量的依据。国外早于1938年就开始应用微电泳技术研究水的混凝机理，至60年代开始把ζ电位法用于水厂投药量控制。

（2）胶体滴定法。日本、美国等自60年代开始研究该方法。基本原理是：带电荷的胶体分散系，可用加入相反电荷的等量胶体来中和，若能找到一个合适的指示剂，胶体滴定就可以象酸碱滴定那样进行。通过胶体滴定可测定原水的胶体电荷，并以经验公式确定混凝剂的投量：

$$D = k_1 A + k_2 C^n \tag{4-11}$$

式中　D——混凝剂投量，mg/L；

　　　A——总碱度，mg/L，以$CaCO_3$计；

　　　C——胶体电荷，meg/L$\times 10^4$；

k_1、k_2、n——经验系数。

胶体滴定法控制混凝与ζ电位法一样灵敏。但该方法同ζ电位法一样，还只能在实验室进行间歇测定，而不能在线连续检测并构成自动控制系统。

（3）流动电流法。该方法以评价胶体荷电特性的另一参数——流动电流为因子控制投药。这种方法具有与上述两种方法相同的优点，即以胶体电荷为参数，抓住了影响混凝的本质特性；同时，该方法是一种在线连续检测法，易于实现投药量的自动控制，因而成为各种胶体电荷控制法、以至现行各种投药控制方法中很有发展前途的方法。

三、流动电流混凝控制技术

1. 流动电流与混凝工艺的相关性

流动电流的原理及检测技术已在本章第一节中进行过介绍，利用该项技术可以建立简单实用的单因子混凝投药控制系统。该系统有效工作的前提是流动电流参数与混凝投药存在一定的相关关系。

从应用的角度，这种相关性体现在：

（1）流动电流与混凝剂投量相关。图4-6是反映流动电流与投药量相关性的一条典型曲线。向清水中加入不同量的硫酸铝混凝剂，测定水的流动电流。在硫酸铝投量较少时，流动电流略有上升，变化不大；随着投药量增大，流动电流值迅速上升；随后流动电流的增大趋势逐渐变缓。

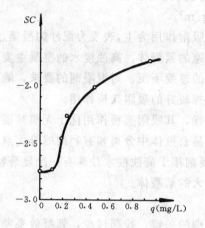

图 4-6　流动电流与投药量的相关性

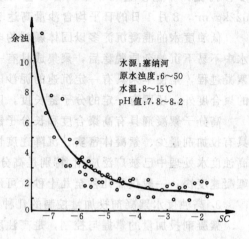

图 4-7　余浊与流动电流相关曲线

（2）流动电流与混凝效果相关。常规的混凝工艺以除浊为主要目的，一般在生产上是以沉淀水的浊度作为评价混凝效果、控制混凝剂投量的指标。在此也以沉淀水浊度（简称余浊）表征混凝的效果。

范围广泛的研究证明，流动电流与余浊的相关性是普遍存在的（如图 4-7），流动电流是对混凝有决定性影响的主要因素，这是以流动电流为因子控制混凝投药的重要依据。

2. 流动电流混凝控制工艺系统的组成

流动电流混凝投药控制系统工艺流程如图4-8。该系统主要由检测、控制、执行三大部分组成。检测器对加药后的水中胶体电荷进行检测，并经信号处理后将该流动电流信号送至控制器；控制器对该检测值与事先设定的给定值进行比较，并按一定控制策略对投药量输出进行调整，一般可以通过对投药泵变频调速调节实现。这一简单反馈控制系统具有下列特点：

（1）单因子投药控制。除流动电流参数外，不再要求测定任何其他参数，各种水质、水量、药剂特性等的变化都反映在流动电流因子的变化上。

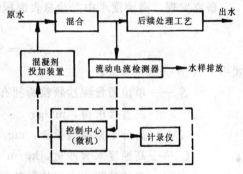

图 4-8　混凝控制系统框图

（2）小滞后系统。流动电流检测水样取自加药混合之后、进入絮凝设备之前。从投药到取样的时间差一般只有几十秒，至多 1～2min。这样小的滞后可以适应水质及运行工况等的突然变化，做到及时调节投药量，保证水处理系统工况稳定。

（3）中间参数控制。控制混凝剂投量的最终指标是水处理效果，一般以沉淀水浊度为代表。流动电流给定值是通过相关关系间接反映了浊度要求，流动电流因子也就成为一个中间控制参数。

四、高浊度水混凝投药控制技术

1. 高浊度水的混凝特性

高浊度水的典型代表是黄河水。黄河是我国泥沙含量最大的河流，也是世界上罕见的多沙河流，年输沙量和年平均含沙量均居世界大江河的首位。例如 8 月平均含沙量为 $622kg/m^3$，8 月 1 日的日平均含沙量高达 $1090kg/m^3$。

低浊度水的混凝沉淀多以固体颗粒的电中和吸附作用为主，表现为泥沙的凝集过程，使水中不易下沉的杂质脱稳后，聚集成具有一定沉速的絮凝体。高浊度水的混凝主要表现为絮凝过程，是使本来具有一定沉速的泥沙以更快的速度下沉。对混凝剂的要求，除有较高的聚合度外，还要有一定的分子链长度，以便发挥较好的吸附架桥作用。

高分子絮凝剂具有高聚合度和长分子链的特性，其吸附架桥作用优于无机絮凝剂，且具有投加剂量少、絮凝体密实、沉降速度快、容易自液体中分离和有利浓缩等优点，故在高浊度水处理中已被广泛应用。特别是高分子絮凝剂用于高浊度水处理有一个显著特点，即絮凝速度快，一般仅需几秒至几十秒就可形成粗大的絮凝体。

2. 高浊度水絮凝剂投加量控制的几种方法

絮凝剂投加量的掌握与控制，是高浊度水处理的关键。投药过少，絮凝效果差，达不到处理效果；投量过多，不但浪费药剂，而且会使泥沙沉积在管道及配水系统内，造成管理困难。合理的絮凝剂投量，对于水厂正常运行至关重要。然而，由于高浊度水的混凝是以吸附架桥为主，基于胶体脱稳的各种混凝控制技术不适宜于高浊度水。必须采用其他特殊的技术方法。

(1) 利用泥沙颗粒的比表面积来确定絮凝剂投加量　多年来高浊度水絮凝沉淀一直以含沙量为基本参数确定投药量。但在试验研究中发现，当含沙量相同时，由于泥沙颗粒组成等因素不同，投药量相差很大。

研究发现，高浊度水中泥沙总表面积是絮凝剂投量的决定因素，并总结出经验公式：

$$D = f(S_p) = KS_p^b \tag{4-12}$$

$$S_p = S_0 C_w \tag{4-13}$$

式中　K、b——经验系数；

　　　S_0——单位质量泥沙颗粒所拥有的表面积，该值可借助泥沙比表面积自动测试仪表直接求得，m^2/g；

　　　D——高分子絮凝剂投量，mg/L；

　　　C_w——高浊度水含沙量，kg/m^3；

　　　S_p——单位体积水中固体颗粒的总表面积，m^2/L。

虽然以单位体积水中颗粒总表面积作为基本参数来计算絮凝剂投量，比以含沙量计算要精确合理，但是所用仪器设备比较复杂，检测时间长，难于实现在线自动控制，至今未见实用化的报导。

(2) 建立前馈数学模型来确定和控制絮凝剂投加量　在一系列相同的高浊度水水样中，分别加入剂量依次递增的絮凝剂，然后观测浑液面沉速，发现在絮凝剂投量低于某临界值时，加药对沉淀速度无影响，这时浑水的泥沙沉降主要表现为自然沉淀特征；当投加量超过该临界值时，浑液面沉速将随投药量的增大而迅速增大。我们将这一临界投药量称为絮凝剂的起动剂量，并且发现在絮凝剂起动剂量后，投加剂量与浑液面沉速增高倍数的对数成正比，即：

$$D = D_1 + K(\lg u - \lg u_1) \tag{4-14}$$

式中 D——絮凝剂投加剂量，mg/L；

  D_1——起动剂量，mg/L；

  u——投加剂量为 D 时的浑液面沉速，mm/s；

  u_1——自然沉淀浑液面沉速，mm/s；

  K——系数。

综合考虑泥沙颗粒组成等因素，可以建立高分子絮凝剂的投加剂量计算公式：

$$D = mC_w/[(C - C_w)^{-0.26} - n] + (\alpha C_w + \beta) \times (\lg u - \lg u_1) \qquad (4-15)$$

式中 C_w——稳定泥沙浓度，kg/m³；

  C——泥沙浓度，kg/m³；

$\alpha、\beta、m、n$——系数，与泥沙的特性及投药方式有关。

将该数学模型输入计算机，再根据取水河段原水水质状况适当地调整各项系数，可作为投药量控制的依据。但 $\alpha、\beta、m、n$ 四个系数的确定需要大量的实验数据，通过数理统计方法求出，另外计算公式亦属经验公式，控制起来会有偏差，所以，该方法还不是较好的控制方法。

（3）透光率脉动絮凝检测仪的应用 高浊度水的絮凝过程进行迅速，一般只需数秒或数十秒时间即可完成，因此利用透光率脉动检测技术检测其絮凝情况，并根据絮凝程度控制投药量，就形成了一种新的高浊度水絮凝控制方法。

3. 高浊度水絮凝过程与脉动值的相关性

对于一定含沙量的水样，在相同絮凝条件下，絮凝检测仪检测值 R 随着絮凝剂投量的增加而增大，而絮凝沉淀的浑液面沉速随着 R 值的增大而增大，出水余浊随着 R 值的增大而降低。R 与絮凝剂投加量、浑液面沉速及出水余浊的较好的相关关系，是用絮凝检测仪对高浊度水投药进行自动控制的基础依据。反映 R 值与浑液面沉速关系的典型曲线如图 4-9。

4. 透光率脉动法高浊度水自动投药控制系统

絮凝检测仪的检测值 R 可以反映高浊度水浑液面沉速的大小，即每个 R 值都对应着一个浑液面沉速，通过对检测值 R 的控制即可实现对浑液面沉速的控制，这样就有了一个方便的确定投药量的方法，不需要检测原水含沙量、粒径组成、流量及原水的其它性质，只要检测加药絮凝反应后的 R 值一个参数，即可控制投药，保证高浊度水处理运行经济可靠。

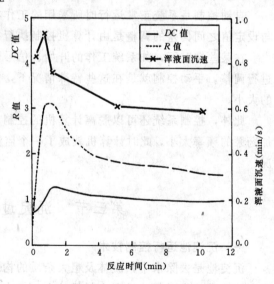

图 4-9 R 值与浑液面沉速关系

（1）投药自动控制系统的设计 采用以 R 值为控制对象的单回路闭环控制系统。由于高浊度水的絮凝过程非常短，系统对扰动响应速度快，滞后很短，接近于同步控制，对控制非常有利。

R 值单回路控制系统的工作过程是：絮凝检测仪在线连续检测高浊度水絮凝反应后的 R 值，并将信号传给控制中心——计算机。计算机定时将信号接收，并与设定值 S_R 进行比较、判断，若检测值偏差在允许的范围内，说明投药量正常；反之，若检测值 R 不在允许的范围内，计算机通过一定的算法指挥执行机构（变频器和投药泵）调整投药量，修正偏差，直到检测值 R 符合要求。

自控系统中，设定值 S_R 应与高浊度水处理工艺的设计浑液面沉速相对应。

（2）自动控制系统的构成及功能　投药自动控制系统与人工投药相比具有提高水厂运行的安全可靠性、经济性的优点。投药自动控制系统主要由检测 R 值的絮凝检测仪、接收信号并予以响应的控制中心——计算机及接收控制信号进行动作的执行机构（变频器和投药泵）组成。设计中以自动控制为主，考虑到运行时可能出现的各种情况，还应设置不同的工作方式，各种工作方式可以随时切换，参数也可以进行修改。

计算机是控制系统的中心，它接收检测信号和输出控制信号，是联结检测仪表和执行机构的钮带。

絮凝检测仪的检测信号经过 A/D 转换及数字滤波后，计算机将对取得的数字信号进行控制运算。所采用的控制算法为典型的 PID 控制算法。

采用变频调速器作为执行器，并由变频器和投药泵组成一个执行机构。变频器接收微机传来的控制信号，通过变频方式改变投药泵电机的转速来改变投药量。

控制系统可以设两种控制方式：自动控制和手动控制。

自动控制是系统正常运行时所采用的工作状态。在该状态下，絮凝检测仪的检测信号与设定值之间偏差的调整是由计算机控制执行机构完成的，不需人工干预。

在某些情况下，如系统工作的开始、信号暂时中断等，系统失去了调节性能需要人为进行调整。手动控制就是在这些特殊情况下，由计算机键盘直接输入频率值来控制投药量的大小。

此外，控制系统还可以脱离计算机的控制，由变频调速器上的频率调节旋钮手动调节加药泵的频率大小，此时计算机就成了一个监测系统，可以监测絮凝检测信号 R 的变化情况。

第三节　沉淀过滤的自动控制

一、沉淀池运行控制技术

沉淀池是去除水中絮凝体及粗大杂质的构筑物。沉淀池底的积泥必须及时排出，以保证沉淀池的正常运行。排泥水耗量较大，是水厂自用水的重要组成部分，在良好排泥的前提下，节约排泥用水是水厂经济运行的重要内容。因此水厂沉淀池的运行控制，主要就是沉淀池排泥的控制。

有下面几种主要的排泥控制技术：

（1）按池底沉泥积聚程度控制。采用污泥界面计进行在线监测，池底积泥达到规定的高度后，启动排泥机排泥；沉泥降至某一规定的高度后，停止排泥。这种方法目前在生产上较少采用，主要问题在于如何保证沉泥界面的正确检测。这往往受到一些干扰，影响测定的准确性。

（2）按沉淀池的进水浊度、出水浊度，建立积泥量数学模型，计算积泥量达到一定程度后自动排泥，并决定排泥历时。数学模型的准确性是这种方法有效性的关键。

（3）根据生产运行经验，确定合理的排泥周期、排泥历时，进行定时排泥。这种方法简单易行，但不够准确。

本节拟通过几个生产实例，介绍沉淀池的控制技术及应用情况。

1. 应用实例一

南方某水厂，设计能力 $3 \times 10^5 m^3/d$，以长江水为水源，以三氯化铁（$FeCl_3$）为混凝剂，采用斜管沉淀池进行沉淀处理。采用便于自控的机械刮泥方法排泥。每一组沉淀池设有直径为13m的中心传动排泥机一台，池底中部集泥斗有 $DN300$ 排泥管一根，并安装了气动蝶阀一只，由工业控制机自动控制。排泥控制按如下方法：

a. 定时排泥，设定排泥时间（0～8h可调），按周期排泥；

b. 按原水进水量、原水浊度、单位药耗、滤后水浊度等参数的变化，计算排泥水量，当排泥水量达到设定值时，则停止排泥。由于滤池采用了回收反冲洗水的技术，反冲洗水中的污泥已在斜管沉淀池中回收，所以计算参数不取沉淀水浊度，而取滤后水浊度。排泥水量可按下式计算：

$$Q_n = Q_r(YNTU - LNTU + 1.31527FeCl_3)/(1 - 98\%) \times 10 \qquad (4-16)$$

式中　Q_n——排泥水量，m^3；

　　Q_r——斜管沉淀池进水量，m^3；

　$YNTU$——原水浊度，NTU；

　$LNTU$——滤后水浊度，NTU；

　1.31527——三氯化铁重量换算系数；

　$FeCl_3$——三氯化铁投加量，kg/km^3；

　98%——排泥水含水率。

该池底部构造复杂，呈锅底形状，装有中心传动刮泥机、钢筋混凝土稳流板、UPVC斜管等，无法安装泥位测定装置，所以不采用测泥位排泥的方案。目前该厂排泥定时为5h排泥一次。

2. 应用实例二

某水厂采用引进的设备建设，设计水量 $2 \times 10^5 m^3/d$。沉淀池共分两个系列，每一系列两组。每组沉淀池中装设有刮泥机12台（共计48台），设排泥阀12个（共48个）。每一系列设调节阀一只，根据清水池水位来调节进入沉淀池的流量。下面以一组为例介绍沉淀池设备的控制方法及有关内容。

（1）刮泥机：两台刮泥机用一台电动机拖动，运动方向相反。刮泥机行走距离13m，走行速度为 0.2～0.6m/min，速度调节是通过无级调速的行星线减速机上的手轮来实现的。刮泥机钢丝绳的张力为652N。

刮泥机控制采用继电器系统。在配电室配电盘上装有转换开关，可以选择控制室自动控制，也可选择现场手动控制。在现场控制箱上还装有正转、反转、停止指示灯及正反转终端、过负荷、过转矩、销子断（安全销）和刮泥机越限的显示。

刮泥机的正反转、运转与停止时间间隔，是靠行程开关和时间继电器来完成的。行程开关有两组，一组用于正反转控制；另一组当刮泥机越限时发出刮泥机越限（行程）信号。

过转矩信号取自减速机的机械过力矩机构；销子断信号是用法兰盘边上的内装小弹子来实现的。正常时主动轴、从动轴、销子是同步转动的。一旦销子断裂从动轴变停止，主动轴转动时弹子离开挡片而被弹出，这时由弹出的弹子压动装在主动轴侧的行程开关，则行程开关发出销子断的信号。刮泥机过负荷信号用热继电器发出。以上这些刮泥的动作和故障信号，均通过继电器接点送至中心控制室操作台和计算机。

(2) 沉淀池排泥控制：沉淀池共有 48 只排泥阀，分为四组。每 12 只排泥阀由一个控制单元进行控制。在控制单元内部由电子线路和接口组成，能实现按时间自动控制排泥。控制单元面板上有 6 只旋钮是用来整定排泥时间与间隔时间的。旋钮都是十进制。上面 3 只整定排泥时间，最大可整定到秒；下面 3 只整定排泥间隔时间，最大可整定到时。右上面的小指示灯表示输出的 6 个回路哪一路有输出（正在排泥）。正上方为三位十进制数码显示，指示上次排泥完毕到现在的时间。除此以外在控制单元面板上还装有小型转换开关，用以完成手动与自动转换或控制单元上进行手动控制。

排泥阀采用气动快开阀。由控制单元给出的控制信号控制装于就地电磁阀箱内的电磁阀，再由电磁阀控制排泥阀。12 只信号灯装在电磁阀箱上受气动阀门上的行程开关控制，阀门全关时灯亮。其它三组控制与此完全相同。

(3) 沉淀池流入量的调节：进入沉淀池的水量是根据清水池的水位进行调节的，在每一系列沉淀池的 $\phi1000$ 的进水管道上装设一台电动调节阀，所用电机为 2.2kW。

调节阀控制可在三处进行：现场在阀门本体上可对阀门开度进行手动调节；在配电室配电柜上装有控制开关，可对调节阀进行手动控制；在中心控制室装有单回路调节器，除对调节阀进行自动控制外，也能对调节阀实现手动控制。至于采取在何地进行控制，由配电室转换开关的位置决定。自动控制还是手动控制，由中心控制室的转换开关和单回路调节器的开关决定。

调节器输入两个信号，一个是根据清水池液位演算得出的需要流量 F_1，另一个是由超声波流量计测出的实际流量 F_2（反馈流量）。当 $F_1 < F_2$ 时，调节器输出使阀门开度加大；反之，当 $F_1 > F_2$ 时，输出使阀门开度减小。

3. 应用实例三

在某黄河高浊度水厂，采用直径 100m 的辐流式沉淀池，对沉淀池的运行采用计算机自动控制。可以按两种方式进行排泥：

(1) 间歇排泥

a. 根据进、出水浊度控制排泥

$$S = 10^{-6}q(2.4T_1 - 1.8T_2) \tag{4-17}$$

式中　S——积泥量，m^3/h；

　　　T_1——进水浊度，度；

　　　T_2——出水浊度，度；

　　　q——出水流量，m^3/h。

b. 根据进水含沙量控制排泥

$$S = 10^{-3}q(F - 1.8 \times 10^{-3}T_2) \tag{4-18}$$

式中　F——进水含沙量，kg/m^3。

(2) 连续排泥

$$q_s = \frac{100S}{F_s - F} + 7850r \qquad (4-19)$$

或

$$q_s = \frac{q(F - 1.8 \times 10^{-3}T_2)}{F_s - F} + 7850r \qquad (4-20)$$

式中　q_s——排泥水流量，m^3/h；

　　　F_s——排泥水含沙量，kg/m^3；

　　　r——池内浑液面升高速率，m/h。

$$t_s = 0.115q_s^{0.734} \qquad (4-21)$$

故

$$t_s = 0.115\left[\frac{q(F - 1.8 \times 10^{-3}T_2)}{F_s - F} + 7850r\right]^{0.734} \qquad (4-22)$$

式中　t_s——排泥时间，s。

　　为了进行排泥控制，每小时按数学模型计算一次沉淀池的积泥量。如果小时积泥量达到要求，就按连续排泥方式排泥，否则按间歇排泥控制。最后把积泥量、积泥天数、积泥时数都清零。

二、滤池的控制技术

　　滤池的自动控制包括过滤、反冲洗两个方面。由于各种滤池的构造、原理不同，控制内容与方法也有差别。在采用的技术方面，主要有水力自控与机电控制两类。在此主要通过一些实例介绍机电控制技术，特别是微电脑智能化控制技术的应用情况。

　　1. 以可编程序控制器进行虹吸滤池的反冲洗控制

　　以 F-40MR 可编程序控制器为核心，以 U 型气水切换阀为执行元件，进行虹吸滤池反冲洗的自动控制。根据不同的工艺条件以下列三种方式控制虹吸滤池的运行：

　　① 自动控制方式：根据滤池反冲洗水位（滤池水头损失）上升到达的先后顺序进行操作，依次控制滤池的反冲洗。

　　② 定时控制方式：以每格滤池的过滤时间为依据进行反冲洗控制，每当滤池工作达16~24h（可调）时进行一次反冲洗。

　　③ 手动控制方式：由值班人员根据具体生产情况，手动选定某格或某几格滤池，由控制装置发出指令逐格完成这部分滤池的反冲洗过程。

　　下面着重介绍一下自动控制运行方式。

　　(1) 自动控制反冲洗工艺过程：在每格滤池都装有浮球液位检测装置以检测滤池运行工况。过滤周期后期，当滤池水位上升到反冲洗水位时，液位检测装置发出反冲洗信号，由控制装置控制执行机构完成此格滤池反冲洗过程。即：①破坏小虹吸；②形成大虹吸；③反冲洗计时；④破坏大虹吸；⑤形成小虹吸；⑥反冲洗完毕（滤池恢复正常过滤）。当有两格或两格以上滤池到达反冲洗水位时，该装置根据各池水位到达的先后次序按先到先冲的原则，依次对此部分滤池顺序进行反冲洗。为保证冲洗强度，反冲洗时间从大虹吸形成后开始计时，并每次保证只冲洗一格。

　　(2) 自动控制框图：自动控制框图如图 4-10。与自动控制方式相比较，定时控制方式和手动控制方式仅控制条件不同，执行部分及其动作情况均相同。

　　控制系统中，主要包括如下装置。

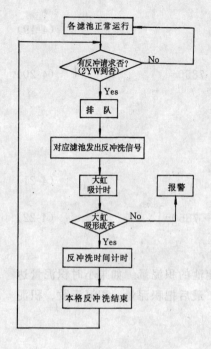

图 4-10 自动控制框图

1）水位检测装置 采用性能可靠的干簧浮球液位控制器。

1YW：溢流水位讯号。反冲洗装置失灵或其它原因引起滤池水位上升到此水位时，控制装置发出声、光报警信号告戒值班人员须进行事故处理操作。

2YW：反冲洗水位信号。当滤池水位上升到此水位时（即水头损失达一定值时）发出信号，由控制装置自动对该滤池进行反冲洗。

3YW：反冲洗开始水位信号。在反冲洗过程中，当大虹吸形成后，水位下降到此水位时，发出信号，反冲洗时间由此开始计时，以保证反冲洗强度。

2）控制装置 本控制装置的基本特点：

a. 采用了可编程序控制器，具有功能丰富、工作可靠、维修方便、使用简单等优点。

b. 可塑性强，在生产过程中可根据工艺需要，调整运行状态及各控制参数。

c. 能对 12 格及以下虹吸滤池进行控制。

d. 可根据各滤池发出的反冲洗信号的先后次序进行排队，依先到先冲的原则，依次对各滤池进行反冲洗。

e. 为保证冲洗强度，每次仅冲洗一格滤池。

f. 反冲洗时间可在 5～7min 之间设定。

g. 有报警系统，能判断运行中出现的一些事故，如滤池水位到达溢流水位，大虹吸未形成等，并发出相应的声、光信号。

h. 在以手动控制方式运行时，在手动输入反冲洗信号后，对应信号灯闪光，以便操作人员观察是否正确，在达到一定反冲洗强度后，发出音响信号，以提醒操作人员停止反冲洗。

2. 移动罩滤池的自动控制

移动冲洗罩滤池是一种常见的净水过滤设备，通常有虹吸式和泵吸式两种。虹吸式是行车上装有两套虹吸钟罩冲洗设备，进水和排水采用虹吸管，当行车前进时右边钟罩工作，返回时另一套钟罩工作；泵吸式是大行车上装有小行车，在小行车上装有一套钟罩冲洗设备，小行车在每行末格横向移动换行。它们均借助于控制罩体的移动，使滤池逐格冲洗。由于它不需设置闸阀和管道，因而具有结构简单，投资省等优点。

移动冲洗罩滤池的控制，大体经历了三个阶段。第一阶段是采用继电器和接触器等组成的电器控制装置，这种装置适用于动作比较简单、控制规模较小的场合，具有简单、经济的特点。但由于电器触点的接触可靠性差，固定接线造成的通用性和灵活性差等问题，电器控制装置的应用受到限制。随着半导体逻辑元件的发展和应用，第二阶段形成了无触点逻辑控制装置，可靠性有了明显提高，体积也大为缩小，功耗低，手动操作简单方便。第三阶段把可编程序控制器引入到滤池程序控制中，无论是可靠性、通用性、可维护性还是性能价格比均有极大的提高。

（1）控制原理和控制流程设计：控制仪主要由可编程序控制器，电源，时钟电路，计数译码电路，显示电路，时间设定电路，驱动电路和报警电路等组成。对一组滤池，输入输出信号包括如下内容：

输入信号：池子限位信号，格校正信号，格校正信号Ⅰ，格校正信号Ⅱ，真空形成信号，行车返回/前进启动信号，反冲洗时间信号，停车时间信号，报警清除信号。

输出信号：开泵信号Ⅰ，行车前进信号，行车返回信号，漏格报警信号，真空未形成信号，真空破坏信号，池子两端转弯信号，开泵信号Ⅱ。

对一组滤池的反冲洗过程是按照时序逐格进行的。一般从1格到12格（具体由给水工艺决定）由泵Ⅰ冲洗，行车前进；第13格到24格由泵Ⅱ冲洗，行车返回。因此在程序设计中，可以认为从1格到12格和从13格到24格其控制处理流程是相同的，只是行车前进返回不同。在处理第12格时，由于行车已走到该列的最后一格，故冲洗完第12格后，行车不再前进，在延时后应开泵冲洗第13格，然后行车返回；在处理第24格时，同样由于行车已走到该列头一格，故冲洗完第24格后，行车不再返回，在延时后应开泵重新冲洗第1格，然后行车前进。

（2）控制仪的功能：

a. 实时控制和监视滤池反冲洗的全工作过程

控制过程前面已述，这里不赘述。监视过程，在CRT上可以直观地看到某组移动冲洗罩运行到何格，进行哪一步动作；如果不用CRT显示，则用发光指示灯在控制面板上指明是行车前进，行车返回，开泵Ⅰ，开泵Ⅱ，时间延迟，反冲洗或停车。如果是真空未形成或漏格，则有指示灯亮和声音报警。用两位数码管指示移动冲洗罩所在的格数，用三位数码管显示反冲洗或停车或真空破坏时间。

b. 人工设置功能

控制仪具有较强的人-机会话能力，主要包括：有自动/手动选择开关，当拨向手动档，可编程序控制器不工作，通过人工干予参与控制；可通过编程器修改控制流程和设定真空破坏时间；通过控制面板拨盘开关可人工设定反冲洗时间和行车停车时间。

c. 打印报表

每小时定时打印运行记录，8h形成班报表，24h形成日报表，代替人工抄写报表工作。

d. 与上位计算机通讯

从整体考虑，滤池自动化仅是整个水厂管理控制自动化中的一个环节，因此在控制仪中留有RS-232C通讯接口，可以与上位机进行数据通讯、命令传输。

（3）实际运行效果：该种控制装置除了具有可靠性高、抗干扰性强、操作简便等特点外，还具有一定的经济效益。由于控制电路中采用了可任意修改的定时器来控制反冲洗时间，因此能够选择一个合适的反冲洗时间，使得滤池冲洗时少排待滤水，并在过滤时适当延长过滤时间从而节省待滤水。据测算，一般按一组滤池一天冲洗一次计算，一天可节省待滤水100t，一组滤池一年就可节约用水36000t。

第四节　给水厂的集散式监控系统

一、概述

前面各节介绍了水厂一些典型环节的控制技术与工艺。事实上，一个现代化水厂各个工艺环节的控制系统不是孤立的，而是联结成一个有机的整体。这样一种大系统不同的联结方式与功能分配，就形成了不同的监控系统形式。当前给水厂广泛采用的是集散式监控系统，即集中监视管理，分散控制。对各个工艺环节分别进行独立的控制调节，系统简单、环节之间干扰小、可靠性高；集中的监视管理，可以对全厂的情况进行监视，在屏幕上随时显示，对历史数据进行存储、调出、打印输出等，便于统一管理。典型的水厂集散系统及各部分的监控内容等示于图 4-11。

二、水厂集散式监控系统实例——某水厂的自动控制系统

1. 系统概况

水厂设计供水能力 $3 \times 10^5 m^3/d$。采用由中心控制室的 PDS 计算机系统和在控制现场的 4 套 ELDATIC 2000 PLC 装置组成水厂的集散控制系统。

中心控制室为数据处理控制中心，设有 3 个 PDS 单元。其中 2 台并行对整个水厂进行监测遥控，1 台用作数据处理、运行分析和报表打印。

4 套 ELDATIC 装置分别安装在以下现场：

一级泵站：对一级泵站、污水泵站的运行进行监测控制；

中心控制室：对总降变电所、二级泵站的工作进行监测控制；

加药间：对投加三氯化铁和斜管沉淀池的运行监测控制；

加氯间：对移动冲洗罩滤池运行及加氯进行监测控制。

整个系统共采集信号、数据 1700 多个。数据采集周期为 60s。

整个系统可完成以下主要功能：

a. 对全水厂生产过程进行运行监测；

b. 根据生产情况调度一级泵站运行；

c. 调节加药、加氯量；

d. 综合 18 种生产数据资料，可绘制 19 种 47 条曲线；

e. 记录变电所及所有生产设备故障。

中心控制室与 4 套 ELDATIC 2000 PLC 装置之间采用高速母线（同轴电缆）联接。

全水厂由该系统进行自动控制。除冲溶三氯化铁需人工倒入冲溶池，更换氯瓶需人工进行和人工发布二级泵站调泵指令外，其余生产过程全由计算机完成。操作人员在中心控制室亦可通过计算机键盘或专用键盘（功能键盘）对全厂所有电气、机泵设备，加药、加氯设备，沉淀、过滤设备等进行人为的干预操作和控制。操作人员亦可在现场的 ELDATIC 2000 PLC 装置上操作就地设备，并可调看全厂的生产运行情况和数据。水厂所有设备均可脱离计算机系统，进行人工手动操作。

2. 水厂工艺控制方案

水厂工艺控制方案主要内容如下：

（1）取水工程

引水虹吸管控制：

与水源引水虹吸管相联的真空罐内水位低于下限时，真空泵启动。当真空罐内水位达到上限，则真空泵停止运行。罐内水位处于低限达 15min 还不上升，则报警。真空泵在一天内启动两次以上，应予报警。原水水位与一级泵站吸水井的水位差大于 0.6m，说明引水虹吸管出现故障，引水发生困难，也应报警。

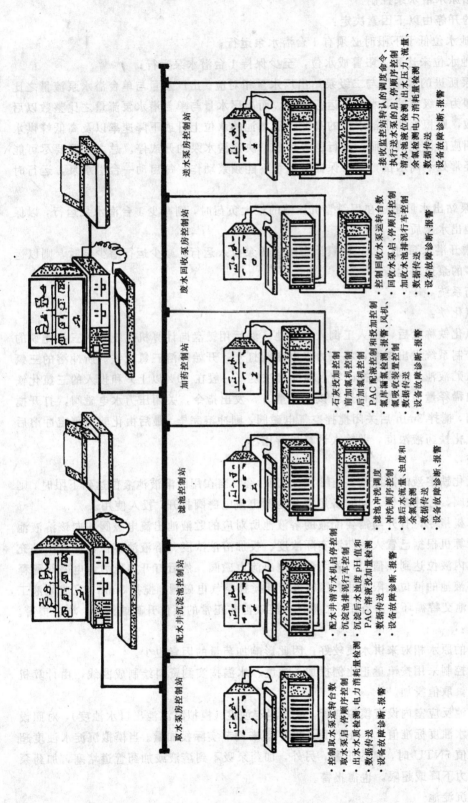

图 4-11 水厂集散式监控系统

取水泵房控制站
- 控制取水泵运转台数
- 取水泵启,停顺序控制
- 出水水质检测、电力消耗量检测
- 数据传送
- 设备故障诊断,报警

配水井沉淀池控制站
- 配水井清污水机启停控制
- 沉淀池排泥运行车控制
- 沉淀后水浊度 pH值和PAC溶液投加量检测
- 数据传送
- 设备故障诊断,报警

滤池控制站
- 滤池冲洗调度
- 冲洗顺序控制
- 滤后水流量、浊度和余氯检测
- 数据传送
- 设备故障诊断,报警

加药控制站
- 石灰投加控制
- 前加氯机控制
- 后加氯机控制
- PAC配液控制和投加控制
- 氯库偏氯检测、报警、风机,氯检测装置控制
- 数据传送
- 设备故障诊断,报警

废水回收泵房控制站
- 控制回收水泵运转台数
- 回收水泵启,停顺序控制
- 回收水池排泥行车控制
- 数据传送
- 设备故障诊断,报警

送水泵房控制站
- 接收监控站转认的调度命令,执行送水泵的启,停顺序控制
- 清水池液位检测、出水压力、流量、余氯检测电力消耗量检测
- 数据传送
- 设备故障诊断,报警

一级泵站原水潜水泵控制

潜水泵的开停由以下因素决定：

a. 清水池水位低于下限时必须有1台潜水泵运行；

b. 清水池水位未达到上限警戒水位，至少保持1台潜水泵运行；

c. 潜水泵所进的水量应与二级泵站出厂水量相对应。出厂水量与单台潜水泵流量之比的整数值，即为一级泵站潜水泵的运行台数。而出厂水量与单台潜水泵流量之比整数以后的小数点尾数，则根据清水池水位的高低、清水池的水位上升或下降速率以及高低峰供水时间等，与相应的设定值对照，进行逻辑判断，决定潜水泵的开或停。总之，既要尽可能保持清水池经常处于高水位，又要保证潜水泵不能频繁动作。每启动一台潜水泵，运行时间不少于1h；

d. 一级泵站出水量超过在用斜管沉淀池的最大负荷时，则减少1台潜水泵运行，以保证斜管沉淀池出水水质；

e. 每次增开潜水泵时，以运行累计台时少的泵投入运行；减少运行潜少泵时，则以运行累计台时多的泵退出运行。

（2）加药系统

冲溶三氯化铁：

固体三氯化铁称量后，由人工倒入冲溶池。然后用键盘向计算机系统输入三氯化铁的重量。这时控制系统发出指令，将压力水电磁阀打开，开始冲溶三氯化铁。所冲溶的三氯化铁药液流入贮液池。计算机按已输入的冲溶浓度（一般在30%以上）和投入的三氯化铁重量，计算出稀释量；待流量计达到该稀释量时，发出指令，关闭压力水电磁阀，打开搅拌空气电磁阀，搅拌3min后关闭搅拌空气电磁阀，则冲溶完毕。最后由化验室测定冲溶后贮液池的三氯化铁药液浓度，并输入计算机待用。

配制药液：

投加三氯化铁溶液的溶液池共有2只，1用1备。当在用的溶液池液位达到下限时，则关闭出流电磁阀，停止工作。同时备用溶液池的出流电磁阀打开，投入使用。

根据计算机指令，打开与需要配液的溶液池所对应的贮液池出流电磁阀，向该溶液池补充药液。计算机根据已置入的药液实际浓度、投加溶液浓度、溶液池容积，计算出补充液位值，当池内液位达到该值时，关闭贮液池出流电磁阀。然后打开出压力水电磁阀稀释配制溶液至溶液池的液位上限为止。然后再打开搅拌空气电磁阀，搅拌3min，完成配液工作。两只溶液池交替循环互为备用。贮液池、溶液池非正常的液位升高或下降，均会报警。

加药控制：

由于水厂的原水相对来讲水质较好，因此影响加药量的因素也少。

加药前馈控制采用按流量正比例投加；浊度、水温按实测资料绘制成曲线，由计算机在运行时对照，取值投加。

斜管沉淀池反应室内设有模拟斜管，取样测定浊度（模拟沉淀池出口水浊度），对照设定的沉淀池出水浊度标准值（4～10NTU可调），来调节实际投加量。当模拟沉淀水浊度超过设定的标准值5NTU时，则应报警。另外，加药泵吸不到溶液或加药管道堵塞，加药泵上的阻尼器压力下降或超限，也需报警。

（3）斜管沉淀池

排泥控制方法可参见前述。

刮泥机故障、超设定排泥时间未关闭气动排泥蝶阀等，可以报警。

（4）移动冲洗罩滤池

过滤周期控制：

根据滤池池面水位变化情况和滤后水浊度，采用对比判断的方法，决定增减冲洗间隔时间，调整过滤周期。当池面水位超过上、下限极值，则报警。滤后水浊度超过设定值，进行报警。

冲洗罩工作程序控制：

根据冲洗罩冲洗程序按顺序执行。当冲洗罩未能按程序工作时，相应发出：桁车行走不停、不冲洗、冲洗不良、冲洗不停、桁车不走等故障报警信号。运行过程中还经常核对冲洗罩所在的位置是否与计算机计数的格数相吻合。否则，说明冲洗过程中出现跳格不冲的现象，应立即查清，将故障排除。

滤池表面排除飘浮物控制：

移动冲洗罩滤池设在室外运行，夏季极易繁殖藻类，成块的水藻飘浮在滤池池面上，既有碍观瞻，又影响水质。所以设置了冲除飘浮物的运行程序。

当需要排除飘浮物时，由人工发出指令，桁车在走到滤池溢流槽对侧时放下刮网。滤池仍正常冲洗运行。当桁车走到滤池溢流槽一端时，滤池出水虹吸管上的进气电磁阀打开，滤池水位上升，开始排除飘浮物。飘浮物排尽后，电磁阀关闭，滤池仍按原有程序继续运行。

（5）加氯

供氯系统控制：

8只氯瓶分为2组，每组4只氯瓶并联使用。1组在用1组备用。当在用氯瓶液氯用完时，氯压下降，在用氯瓶电磁阀关闭，发出氯瓶用完信号。同时，备用氯瓶电磁阀打开，投入运行。该加氯系统采用负压抽吸方式加氯，一旦加氯管道漏气，氯瓶电磁阀自动关闭。如氯瓶间或加氯间漏氯，则发出声光报警。同时，引风机启动，将漏出的氯气送到清水池，由池内流动的水将其吸收。

原水预加氯控制：

原水预加氯按人为设定值对照原水进水量正比例投加。

滤后加氯控制：

滤后加氯按滤池出水量正比例前馈投加。并按设置的滤后余氯控制值反馈调节。为了防止水源水质变化引起出厂水余氯变化，又采取用出厂余氯设定值（0.5～1.5mg/L可调）来调整滤后余氯控制值的办法，以保证无论原水水质怎么变化，出厂余氯均能保持在一个稳定的数值上。

（6）二级泵站

水泵调度：

水泵调度由自来水公司中心调度室发出调度命令，水厂中心控制室值班人员通过计算机发出指令进行操作。当出厂水压瞬间大幅度（0.1～0.15MPa）下降时，说明出厂输水总管爆裂，立即关闭对应的闸阀和水泵。如发生突然停电故障，恢复供电时，二级泵站所有水泵锁定，然后再逐台启动，直到恢复到停电前的水泵运行台数。

水泵开停控制：

当开泵指令发出后，首先辨别清水池水位高低，以决定是否需要启动真空泵。水位超过规定，水泵则直接启动，并打开对应的出水电动蝶阀。若水位低于规定值，应打开对应抽气电磁阀，启动真空泵。当真空信号发生器发出信号时，说明引水成功，关闭电磁阀，启动水泵，打开对应出水电动蝶阀。水泵若未能按程序动作，则报警。水泵电机发生故障，自动停泵，并发出故障信号。同时，备用泵自行投入运行。

接到关泵指令，先关闭对应出水电动蝶阀，水泵再停止运转。

每次增开水泵时，以运行累计台时少的泵投入运行；减少运行水泵时，则以运行累计台时多的泵优先停止。泵站集水坑水位达到上限，启动排水泵。水位达到下限时，关闭排水泵。未能按时排出积水，则报警。

（7）污水泵站

当污水池水位达到上限时，启动污水泵，对应出水气动蝶阀打开。如若 30min 内污水池水位未下降到全池水位的 70% 时，则再启动备用污水泵。当污水池水位达到下限，关闭污水泵。待 10min 污水管道内的水倒流完后，再关闭出水气动蝶阀，以防污水管道内积泥。两台污水泵互为备用，交替使用。

地下式污水泵站的集水坑水位达到上限，启动排水泵。水位达到下限时，关闭排水泵。未能按时排出积水，则报警。

（8）总降变电所

两路电源控制：

整个供电系统在设计时，两路电源可同时供电。当一路电源发生故障时，可保证 70% 的供电负荷，不致引起全厂停水。除两路电源的进线总闸刀为人工操作外，其余 35kV、6.3kV 开关屏和部分主要设备的 0.4kV 低压开关均可电动操作。整个电气系统由 1 台 ELDATIC 2000 PLC 装置控制，并作为中心控制室计算机集散控制系统的终端联用。操作人员只要将自己的操作密码通过键盘或功能键盘输入计算机，即可开始进行操作。操作人员将显示屏幕上的光标移至电气系统模拟图上的操作开关位置，认定后连续按动三个按钮，对应开关即行动作。非责任工作人员操作，或违反电气规程的操作（将会引起重大电气事故）均被锁定，不予执行。

所有电气故障均立即在屏幕上显示，并发出声光报警信号。部分影响正常运行的故障则自动跳闸保护或切换开关。

电气故障显示内容有：

主变压器系统（35kV/6.3kV 4000kVA）：过压跳闸、欠压报警、过频跳闸、欠频报警、差动跳闸、短路跳闸、过流报警、温度报警、温度跳闸、轻瓦斯报警、重瓦斯跳闸；

厂用变压器系统（6.3kV/0.4kV 400kVA）：短路跳闸、过流报警；

6.3kV、8000kW 电机：过流报警、短路跳闸、过压欠压保护、堵转保护。

第五节　污水厂的自动控制系统

污水处理工艺的自动监控技术主要应用在：关键工艺环节的自动控制，例如曝气池曝气量的自动控制；污水处理全过程的自动监控与管理等。

一、曝气量的自动控制

曝气是污水生物处理的关键环节，其目的是向待处理水中充氧，为生物活动创造条件，使污水得以净化。在曝气池的混合液中，保持正确的溶氧浓度是至关重要的。溶氧不足，则水处理效果恶化，达不到处理要求；溶氧过量，造成浪费。一般曝气耗电量为污水生物处理系统总耗电量的 $60\%\sim70\%$。因此根据来水水量水质的变化，调节曝气设备（如鼓风机）的运行工况，对曝气量进行控制，保证最优的溶氧浓度是十分必要的。

曝气控制的目标是保证曝气池中达到要求的溶解氧浓度。因此曝气控制就是对溶解氧浓度的控制。主要分为如下几种方式。

（1）直接控制：溶氧仪设在池内任何一点，按指定溶氧量调节曝气量。这一方式仅适用于完全混合曝气池。

（2）进水量比例控制：按污水量变化和固定的气水比调节供气量，并用溶氧仪监测溶氧量，使其维持在指定范围内。这种方法简单价廉，但受水质和水温的影响，效果不稳，适用于水质变化不大的污水。

（3）溶氧折点控制：在均匀曝气的推流式池中，混合液耗氧速率随水流向前推进而逐渐降低，相应地溶氧浓度则逐渐上升。同时，在曝气池的任何一个断面上，随着供气量的增加，溶氧浓度也将上升。这两种变化曲线都有一个回折点，将这些折点连接起来，形成两条几乎吻合的曲线，标志着曝气池内各处最佳溶氧浓度。在实际应用中可按所需溶氧浓度，选定池长上与指定溶氧浓度相符的折点位置，设置溶氧仪，控制溶氧量。

（4）分段溶氧控制：上述几种溶氧控制方法均为单点控制，有各自的缺点，不是最理想的。从理论上讲，推流式曝气池可以被认为是一系列串连的、独立的池子，在每个单独的池子中，混合液耗氧各不相同，显然，单点控制是不够的，理想的控制系统是在每一独立曝气区内均设溶氧仪监测控制，但这是不现实也不经济的。根据对曝气池各段氧传递系数的模拟计算，一般可以采用三个独立控制区，其中两个自动，一个手动。这样就可以有效控制溶氧浓度，达到节能和保证出水水质的效果。曝气池的第一、第二两段采用自动控制，按生物反应需氧量进行调节控制；第三段，即曝气池出水段只设一手动阀门，不需经常调节，因为此段供气量是按搅拌需气量设计的，超过了生物反应需气量，不进行随机控制气量，适当提高出水溶氧浓度，有利于改善二次沉淀池的工作，提高最终出水的水质。在不同控制段可用不同的溶氧设定值，但不得小于 $1.5mg/L$。

控制系统的工作首先是由溶氧仪发出信号，改变输气管上阀门的开度。气量的变化使供气管网压力变动，压力传感器将信号送到鼓风机的进风叶片启动器，调节气量，使管网压力达到最佳状态。

二、污水处理生物脱氮工艺的优化控制运行

脱氮是污水生物处理的一个环节。一种脱氮方法是采用硝化与反硝化交替运行的生物脱氮工艺（硝化与反硝化各是一种处理方式的名称），运行方式如图 4-12 所示，从 A 到 D 是一个工作周期，持续时间约为 3h。为了确定周期内每个阶段的

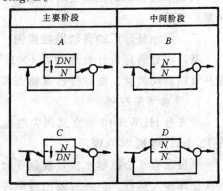

图 4-12　污水脱氮运行
操作周期流程示意
DN—反硝化；N—硝化

最佳持续时间,可以采用在线监控系统。

其工作过程如下:取样泵将曝气池中的水样经过滤后连续输送到硝酸盐测定仪(反硝化水)或氨氮测定仪(硝化水)中进行测定。过滤器离曝气池150m,其后设有一电磁阀,可根据污水中的硝酸盐和氨氮浓度控制污水流入哪个测定仪。污水在监测系统中的停留时间为10~15min(从曝气池到测试结束),在监测仪中的停留时间约为1~5min。

监测仪每周需校正一次;过滤器每周用刷子清洗一次,使用18个月后需更换。

引入在线监测仪后,可根据实际水质情况,对硝化与反硝化时间长度进行动态控制,其基本原理是当氨氮浓度低时硝化阶段停止;当硝酸盐浓度低时反硝化阶段停止。该系统是以标准函数来控制各阶段的持续时间,如图4-13所示。在硝化阶段,计算机每分钟都在显示当时的NH_4^+—N,NO_3^-—N的值,图中的箭头随该值浓度变化而移动。例如,箭头在曲线的左边向右下方移动(即氨氮浓度降低,硝酸盐浓度增大)穿过曲线时,硝化阶段结束,即得到一个最小硝化阶段长度。

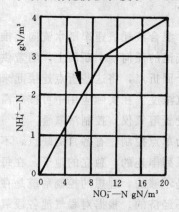

图4-13 从硝化转变反硝化阶段
标准函数曲线

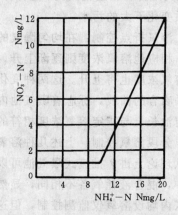

图4-14 从反硝化转变硝化阶段的
标准函数曲线

同样原理适用于反硝化段,如图4-14。当处理厂的负荷增大时,标准函数可同时提高氨氮浓度和硝态氮浓度以增大反应速率。此外,还可以根据要求的出水标准、污水和污水处理厂的特点,改变标准函数的形式。

硝化反应和反硝化反应对溶解氧浓度都很敏感,可通过改变供氧量影响其反应速率、影响氮的负荷。

三、污水处理厂的自动监控实例

某污水处理厂设计处理能力$4 \times 10^5 m^3/d$,采用了比较先进的自动监控系统,包括污水提升泵站自动控制、洗砂排砂及排泥浓度控制、溶解氧浓度控制等。

1. 进水泵房控制

设6台HLWB-10型立式涡壳混流泵,5用1备。每台水泵的性能:流量$1.32 m^3/s$;扬程13.2m;电机260kW。

泵房设有6个控制水位,控制5台泵的运行。为避免个别负荷偏重反复起动,水泵将依次循环投入运行。当一台泵因故障停止工作时,另一台泵将自动投入运行。

2. 初沉污泥泵房控制

为防止排泥系统出现堵塞故障,在两座初沉池间设一座污泥泵房。内安装GF单螺杆泵

4 台，两座泵房共装 8 台污泥泵。

污泥泵按频率/时间自动操作，并由计算机进行调整，两座污泥泵房交替运行。

3. 曝气池控制

曝气池中设有溶解氧检测器，发送模拟量信号进入计算机，以调节鼓风机的风量，节省耗电量。曝气池还设有各种测量仪表，可将进入每个池的水量、回流污泥量、pH 值和水温输入计算机，以进行集中监视。计算机可显示曝气池的全部工作状态和故障报警。

4. 回流污泥泵房控制

4 座曝气池各配有一座回流污泥泵房，每座泵房安装 4 台 ϕ1400mm 螺旋泵。

螺旋泵的起动和停止将按水位通过计算机控制，但开哪台泵可由操作人员决定。泵的工况是由计算机根据曝气池发送的模拟量信号进行选择的。泵的进水池设有低水位开关保护，池内还设有潜水泵，将剩余活性污泥排入初沉池，流量可手动调节，连续工作。

5. 鼓风机房控制

鼓风机房内设有 4 台单级高速离心风机，此种风机的进风口设有可调导叶片，用以调节风量。

鼓风机的起动或停止是由计算机控制自动进行的。风机起动要求供油系统先投入运行，并关闭导叶片，进风及出风阀门都开启；起动后，放空阀渐渐关闭，导叶片慢慢打开，到达所需风量的位置上。如果已有两台风机在工作，进风导叶片也已完全打开，而曝气池中的供氧量还需增加，则计算机将判定是否增加风机的工作台数。反之，进风导叶片完全关闭，而供氧量还可减少时，计算机将判定是否关掉一台风机。

6. 二沉池控制

设有 8 座直径 55m 的辐流式沉淀池，水深 4.5m，沉淀时间 3.8h，表面负荷 1.05m^3/(m^2·h)。二沉池是污水处理厂出水水质的关键。每池都设有污泥界面传感器，可将检测信号输往计算机。

7. 沼气贮气罐

厂内设湿式贮气罐二座，每座容量 5000m^3，气罐装有浮动高度测量和高低位报警装置，分别将模拟信号及开关信号送至计算机。

8. 中央控制室

全厂运行采用集中监视、分散控制的集散系统。中央控制室设有操作站、CRT、打印机、彩色硬拷和彩色模拟盘。4 个分控室内设现场控制器 PLC，按编制的程序控制运行，并将采集的大量信息输至中央控制室进行处理。厂内还设有电视监视系统，对厂区主要部位及进水泵房、鼓风机房、发电机房等 10 处主要设备的运行情况，通过电视进行监视。

思 考 题 与 习 题

1. 水处理常用检测仪表有哪些？各有什么作用？

2. 流动电流检测仪表的原理是什么？它的工作过程是什么？

3. 浊度的检测有哪几种方式，各有什么特点？

4. 混凝投药自动控制有哪些主要方式？

5. 数学模型法投药控制技术的建模方法、系统组成是什么？有什么特点？

6. 高浊度水投药控制技术有哪些？各有什么特点？

7. 沉淀池的控制主要指的是什么？有几类主要的方法？

8. 滤池的控制包括哪些内容，有哪些基本的方法？

9. 何为水厂的集散式控制系统，它有哪些特点？

10. 集散式系统的集中监测与分散控制各有哪些分工，二者有什么关系？

11. 污水厂的自动监控系统有哪些内容？

12. 污水处理曝气工艺对控制有哪些要求？如何实现自动控制？

下篇 采暖与空调电气控制

第五章 空气调节工程基础

在现代建筑尤其是高层建筑中，人们经常利用先进的技术将室内或某一特定要求场所的空气加以调节，这便是人们常说的空气调节，简称空调。完成空调任务的所有装置、设备的有机组合称之为空气调节系统，简称空调系统。本章就有关空调系统的基础知识做扼要介绍。

第一节 空气的焓湿特性

空调系统的任务就是要实现对空气的温度、湿度、气流速度及净度的调节。

现代的空调系统离不开先进的自动控制技术。掌握空气的物理性质、空气的焓湿特性是正确设计及使用先进的自动控制技术，从而构成完全能够满足人们要求的现代化空调系统的物理基础。

一、空气的物理性质

与空调系统有关的空气物理性质包括以下几个方面：

（一）空气压力

空气压力用大气压 P 表示：

$$P = P_g + P_s \quad (Pa) \tag{5-1}$$

式中　P_g——空气中干空气的分压力；

　　　P_s——空气中水汽的分压力。

所谓大气压是指地球表面空气层作用在单位面积上的压力，作为空调系统的输入条件，它是经常变化的。例如离开海平面越高，大气压越小。一个标准大气压或称物理大气压是0.1MPa。水汽分压力是指空气中水蒸汽的压力。空气中水蒸汽与干空气占有同样的体积，它的温度等于空气的温度，所以空气中水蒸气的含量越高，它的分压力也就越大。

（二）空气温度

温度表示空气的冷热程度。式（5-2）表示了摄氏温度（℃）与绝对温度（K）两者的关系。

$$T = 273 + t \quad (K) \tag{5-2}$$

式中　T——绝对温度，K；

t——摄氏温度，℃。

实践证明，空气温度直接影响人体的健康与舒适，也直接影响到生产环境。所以温度是空调系统中十分重要的调节参数。

（三）湿度

湿度表示空气中水蒸气的含量。通常可以采用以下几种方法表示：

1. 绝对湿度

在 $1m^3$ 空气中水蒸气的含量称为空气的绝对湿度。用 X 表示，则：

$$X = G_s/V_s \tag{5-3}$$

式中　G_s——水蒸气重量，kg；

V_s——空气体积，m^3。

通常，空气温度一定时，水汽分压力越大，绝对湿度就越大。

2. 含湿量

在空调中，通常用与1kg干空气混合在一起的水蒸气重量表示空气含湿量。用 d 表示，则：

$$d = 1000G_s/G_g \tag{5-4}$$

式中　G_s——水蒸气重量，kg；

G_g——干空气重量，kg。

含湿量与温度一样，也是空气调节中十分重要的参数。

3. 饱和绝对湿度

饱和空气的绝对湿度称为饱和绝对湿度。

4. 相对湿度

相对湿度是用绝对湿度与饱和绝对湿度的比值来表示的，即：

$$\varphi = (X/X_B) \cdot 100\% \tag{5-5}$$

式中　X——绝对湿度；

X_B——饱和绝对湿度。

式（5-5）表明，在一定温度下，绝对湿度越大，相对湿度也越大，表示空气越潮湿。在空调系统中，相对湿度同样是一个非常重要的参数。

（四）露点温度

空气在某一温度下，其相对湿度<100%，若使其温度下降至另一适当温度，空气的相对湿度便达到 100%，此时空气中出现结露现象，即空气中水蒸气凝结成水。降低后的空气温度称为露点温度。露点温度通常根据空气含湿量来确定。如已知空气含湿量 d，根据空气性质表可查出饱和含湿量 d_B 等于这个 d 值时所对应的温度，它便是此时空气的露点温度。

（五）空气的焓

焓表示空气中所含热量。由于空气是由干空气和水蒸气两部分构成，因此空气的总热量应是这两部分所含热量之和。设干空气的焓用 i_g 表示，水蒸气的焓用 i_s 表示，则空气的焓 i 表示成：

$$i = (i_g + i_{sd}/1000)/(1 + d/1000) \quad \text{(kcal/kg 空气)} \tag{5-6}$$

由于 $d/1000 \ll 1$，所以焓的表达式又可写成：

$$i = i_g + i_{sd}/1000 \quad \text{(kcal/kg 空气)} \tag{5-7}$$

考虑到焓是一个相对值，为方便计算，通常选定 0℃时，干空气的焓和水蒸气的焓均为零，这样当温度为 t℃时空气的焓可由下式表示：

$$i = 0.24t + (597.3 + 0.44t) \cdot d/1000 \quad \text{(kcal/kg)} \tag{5-8}$$

上式表明，空气的焓主要由与空气温度有关的项 $(0.24t + 0.44t \cdot d/1000)$ 及与含湿量相关的项 $(597.3d/1000)$ 两部分组成。前者随温度变化而变化，称为显热部分，后者是在温度不变的条件下随含湿量变化而变化，称为潜热部分。

二、空气焓湿图(i-d 图)

空气的温度、含湿量、相对湿度等参数可以确定空气的状态；反之，若已知空气状态，也可以找到相应于该状态点的空气温度、含湿量、相对湿度等参数。实际的空调过程就是改变空气状态的过程。工程上大量采用空气线图尤其是 i-d 图寻找对应状态点的空气参数。所谓 i-d 图就是将一定大气压下的各空气状态参数间的相互关系表示在一张图上，图上任何一点称作空气状态点；反之，如果知道某一状态点，从图上就可以确定出相应的空气参数，或者可由状态参数中的两个求出状态点，然后再根据状态点在图上找到其他状态参数。

这种方法简单易行，免去了繁杂的公式计算及查表过程。

i-d 图在空调系统的设计中获得广泛应用。图 5-1 表示了典型 i-d 图，又称温湿图。表示了在某一确定大气压下，空气的焓值 (i)、含湿量 (d)、温度 (t)、相对湿度 (φ) 及水蒸气分压力 (P_s) 等五个主要参数之间的关系。

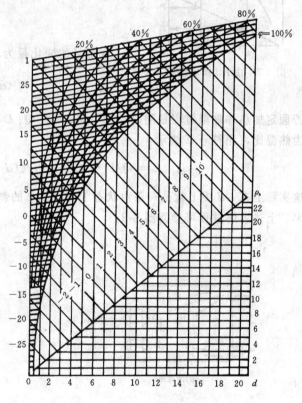

图 5-1　空气 i-d 图

三、i-d 图应用

由图 5-1 可见，坐标轴 i、d 之间的夹角为 135°，图中有四条等值线，即与纵坐标轴平行的垂直线是等含湿线，也即 d = 常数；与 d 线相交成 135°的平行线是等焓线，也即 i = 常数；与横坐标轴有一定倾斜角，但相互间近似平行的斜线是等温线，也即 t = 常数；由上至下的逐条曲线是等相对湿度线，也即 φ = 常数；图中还有一条近似的斜直线和饱和水蒸气分压力线。

下面举例说明 $i\text{-}d$ 图的应用。

【例1】 已知大气压力为 760mmHg，室内空气温度 $t=20℃$，相对湿度 $\varphi=50\%$，求出其他空气状态参数。

根据 $i\text{-}d$ 图，由 t、φ 找到状态点 A，然后再在 $i\text{-}d$ 图上找到对应状态点 A 的其他参数，即 $d_B=14.6g/kg$ 干空气（$P_{SB}=17.3mmHg$，$d=7.4g/kg$ 干空气（$P_S=8.8mmHg$）以及 $i=9.3kcal/kg$。寻找路径见图 5-2。

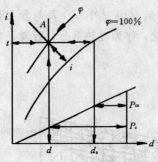

图 5-2 由 $i\text{-}d$ 图求出状态参数

【例2】 已知通过某一空间的空气量为 G kg/h，同时对空气加入（或排除）了 Q kcal 的热量和 D kg 的水蒸气。试在 $i\text{-}d$ 图上求出对于空气进行热、湿交换作用下的状态变化过程。

根据已知条件，此时空气焓的变化量为：

$$i_2-i_1=Q/G$$

含湿量的变化量为：

$$(d_2-d_1)/1000=D/G$$

若假定加热和加湿过程是同时且均匀的，则在 Q、D 已知的情况下，其比值为一常数，称之为热湿比，用符号 Σ 表示：

$$\Sigma=Q/D=(i_2-i_1)/[(d_2-d_1)/1000]$$

这实际上在 $i\text{-}d$ 图上就是一条由状态 1 到状态 2 的斜直线，其值 Σ 就是表示该斜直线的斜率。上述求解过程可参阅图 5-3。

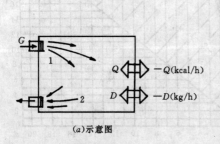

(a)示意图

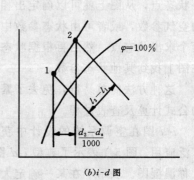

(b)$i\text{-}d$ 图

图 5-3 热湿交换作用下的状态变化过程

第二节 空调系统组成与分类

根据空气调节的工艺要求，空调系统的组成不尽相同。但空调系统的基本组成及分类方法却是空调系统分析与设计的基础。

一、空调系统典型设备

（一）空气过滤器

空气过滤器对空气进行净化作用，其构造型式多种多样。工程上通常采用的有金属网浸油过滤器、自动清洗油过滤器及纤维过滤器等。好的过滤器应能满足效率高、阻力小、容量大的要求。

（二）空气加热器

空气加热器完成对空气的加热，就使用的热媒不同，空气加热器一般分成两类，即蒸汽、热水加热器及电加热器。空调系统中使用较多的是蒸汽、热水加热器。

（三）空气冷却器

表面式空气冷却器与蒸汽、热水加热器从构造上没有什么区别，只是在同一设备里流过的不再是热媒，而是冷媒。根据所采用的冷媒的不同，表面式冷却器又分成直接蒸发式和水冷式。前者是采用制冷剂作冷媒，后者则是采用盐水（水温低于 0℃）、冷冻水或深井水作冷媒。

（四）喷雾室

喷雾室又称喷水室，完成对空气的热与湿的交换。喷雾室构造如图 5-4 所示。

喷雾室基本类型如图 5-5 所示。

（五）空气加湿设备

空气加湿就是将蒸汽混合到空气中去的过程。常用加湿设备有蒸汽加湿和电加湿两种类型。电加湿器根据工作原理又分成电极式加湿器与电热式加湿器。

（六）空气除湿设备

工程上使用的除湿设备，除喷雾室、表冷器外，还有冷冻除湿机及用液体、固体作为吸湿剂的除湿设备。由于冷冻机初投资高、有噪声干扰，所以在较多场合下大都采用由液体、固体作为吸湿剂的除湿设备，例如用某些盐水溶液作为吸湿剂的除湿设备。

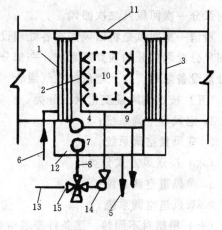

图 5-4　喷雾室构造简图
1—前挡水扳；2—喷嘴与喷管；3—后挡水扳；
4—补水浮球阀；5—泄水管；6—补水管；7—
滤水管；8—回水管；9—溢水器；10—检查门；
11—防水灯；12—底池；13—冷冻水管；14—
水泵；15—三通混合阀

二、空调系统分类

空调系统根据其用途、要求、特征及使用条件，可以从不同角度加以分类。

（一）按系统集中程度分类

1．集中式空调系统

按工艺要求，将空气集中处理，然后由送风机将处理后的空气经风道输送到各空调房间。这种系统处理空气量大，需要设置集中冷源和热源，系统运行可靠，参数稳定，控制精度高。但由于设备要集中设置在空调机房，占地面积较大，特别适用于新建工程。

2．局部式空调系统

局部式空调系统也称分散式控制系统，是将空气处理设备、冷机、风机组合在一起的整体机组。如市场出售的空调器等。

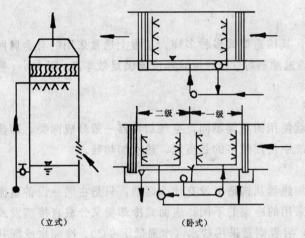

（立式）　　　　　　　（卧式）

图 5-5　喷雾室类型

3. 半集中式空调系统

该系统也称混合式空调系统，对空气既有集中处理又有局部处理。

（二）按用途分类：

1. 舒适性（保健）空调系统；

2. 工业性（产业）空调系统。

（三）按工作状况分类：

1. 夏季空调系统；

2. 冬季空调系统；

3. 全年候空调系统。

（四）按是否利用回风分类：

1. 直流式空调系统

该系统全部利用室外新风，回风不利用，全部排到室外。

2. 混合式空调系统

进入空调房间的空气，一部分是室外新风，另一部分是室内循环空气（回风）。使用回风时又分一次回风及二次回风。

所谓一次回风是将回风加在各处理设备之前，与新风混合，再进行处理。二次回风是将回风分成两部分加入处理系统，一部分加在处理设备之前，即一次回风；另一部分是加在处理设备之后，与处理后的空气混合，称为二次回风。

（五）按送风风量变化状况分类：

1. 定风量空调系统；

2. 变风量空调系统。

（六）按送风方式分类：

1. 单风道空调系统；

2. 双风道空调系统。

（七）根据对不同热、湿条件要求房间的调节功能分类

1. 单区式空调系统；

2. 多区式空调系统。

第三节　集中空调系统与局部空调系统

一、集中空调系统

（一）集中空调系统基本组成

图 5-6 表示集中空调系统的结构。

由图可见，系统由以下几部分组成：

1. 空气处理部分

室外新风由空气处理设备处理成所要求的送风状态。各种空气处理设备集中设置在空气集中处理室。空气处理设备完成对空气的净化处理、加热处理以及加湿除湿等处理过程。

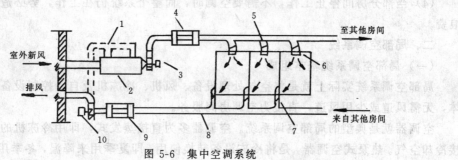

图 5-6 集中空调系统

1—回风道；2—空气处理室；3—送风机；4、9—消音箱；5—调
节阀；6—送风口；7—回风口；8—排回风道；10—排风机

2. 输送部分

输送部分是将处理成送风状态的空气有效地输送到各空调房间去。送、排（回风）风机、风道系统以及调节风量装置等是输送部分的主要设备。有些情况下，为消除风机的噪声和进一步净化的要求，在风道系统上装有消声器、过滤器等。

3. 风路布置部分

该部分主要包括各种类型的送、排（回风）风口，风口位置的合理安排，可有效地组织室内气流，从而保证室内空气状态均匀。

集中空调系统还有为处理部分服务的冷、热源及冷、热媒管道系统等。

（二）集中空调系统特点

集中空调系统由于服务面积大，处理空气量多而得到使用者的重视。现代高层建筑，功能齐全，结构复杂，对空调系统要求严格，因此实际的集中空调系统服务对象常常不是整个大楼。根据空调房间不同特点，将建筑物划分为几个区，尤其当各空调房间要求的送风状态不尽相同时，则可按分区设置几个集中式空调系统，而不必集中于一个系统，以免使空气处理量过大，空气处理室也过大，风道过粗过长，难以满足不同的送风要求。

1. 集中空调系统的主要优点

（1）空调系统的各种设备大都集中设置在专用的机房内，因此对系统的控制、管理及维护都非常方便。

（2）空调机房可充分利用非正规建筑面积，如地下室、房顶间等，节省了建筑物内有效利用面积。

（3）可按季节变化（冬、夏季）调节系统新风量，也即按工况调节新风量，从而降低运行费用，节约能源。

（4）系统安全可靠，寿命长。

2. 集中空调系统主要缺点

（1）由于系统输送风量大，因此空调机房大，风道粗而长，施工周期长，工作量大，风量调节相对较困难。

（2）空调房间之间，空调房间与机房之间有风道相连，因此容易影响隔音效果，且空气互相污染及火灾曼延的可能性增大。

（3）对于单风道空调系统，由于只能处理出一种送风状态的空气，因此，当房间负荷变化规律不同时，便无法满足不同的运行调节要求。

(4) 当部分房间停止工作，不需要空调时，而整个系统仍在工作，势必造成运行上的浪费。

二、局部空调系统

（一）局部空调系统基本组成

局部空调系统实际上就是将空气处理设备、风机、冷冻机及自动控制设备等组装成一体，无需风道或少用风道，直接为空调房间服务。

空调器就是典型的局部空调系统。空调器多为直接蒸发式，即用冷冻机的蒸发器来直接冷却空气。热泵式空调器，是将冷冻设备转换使用，即夏季用来降温，冬季用来供暖。恒温恒湿空调器，是在机组内设置电加热器，电加湿器及自动控制仪表。冷风专用空调器，只解决夏季降温。现以冷风专用型空调器为例，说明空调系统的基本组成。图5-7为冷风专用型空调器结构图。

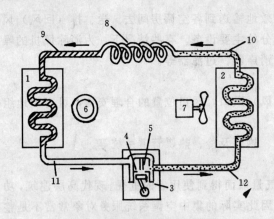

图 5-7　冷风专用型空调器结构
1—蒸发器；2—冷凝器；3—压缩器；4—进气阀；
5—排气阀；6、7—送风机；8—毛细管；9、10—
液冷媒；11、12—蒸汽冷媒

由图可见，空调器主要由压缩机、冷凝器、干燥过滤器、毛细管和蒸发器等组成。空调器可完成如下功能：

1. 调节温度

压缩机将制冷剂压缩为高温、高压蒸汽后送至冷凝器，室外侧的轴流风扇使空气迅速流过翅片管式冷凝器，将制冷剂冷凝成高压液态，再经干燥过滤器和毛细管进入蒸发器，制冷剂蒸发吸热，完成制冷功能。室内侧的离心风扇从室内抽吸空气，经进风滤网进入空调器箱体内穿过翅片管式蒸发器降温而成冷风，冷风由离心风扇经风道从出风栅吹入室内，使室内温度降低。

2. 净化空气

室内空气由离心风扇抽吸进空调器箱体内时，由于进风栅后的进风滤网的作用，使空气得以净化。

3. 除湿

室内空气进入空调器箱体时，若湿度较大的空气穿过蒸发器，其中一些水蒸气便急剧降温凝结成水，起到除湿作用。

4. 调整风速和风向

离心风扇使冷风具有一定速度，而出风栅口设置的摇风装置改变了低速流动的冷风方向。

（二）局部空调系统主要优点

1. 无需专门空调机房，风道简单，施工安装工作量少，工期短，可迅速交付使用。

2. 一台空调器只服务于一、二个房间，风量调节容易。

3. 各空调房间可以根据负荷变化，随时调节（或开、或停）空调器，做到节能运行。

4. 各空调房间无风道相通，有利于防火、防毒及隔音。

（三）局部空调器主要缺点

1．寿命短。

2．空调器设置在房间内，占用了一定的有效建筑面积，同时也给集中管理与维修带来不方便。

3．容易产生噪声和振动，影响室内正常工作与生活环境。

4．新风采风口的防寒、保温及新鲜空气的调节等难度较大。

思 考 题 与 习 题

1. 何谓 i-d 图，并举例说明 i-d 图在空调系统分析与设计中的作用。

2. 简述空调系统结构，并画出集中空气调节系统结构示意图。

3. 举例说明空调系统功能。

4. 何谓集中空调系统，何谓局部空调系统，说明二者的异同。

5. 画出局部空调系统结构示意图（可举例说明），并说明其工作原理。

6. 简述空调系统分类，并说明系统分类在空调工程的分析与设计中的作用。

第六章 空气处理及其电气控制

第一节 空气过滤及其电气控制

一、空气过滤器

空气的过滤（净化）处理是由过滤器完成的。在空调工程中使用的过滤器，随着新技术的应用，其结构紧凑小型化，功能趋向智能化。

金属网浸油过滤器、自动清洗油过滤器、泡沫过滤器、纤维过滤器、纸过滤器及静电过滤器等是空气净化中经常使用的过滤器。

下面简要介绍几种空气过滤器，借以说明空气过滤处理的物理过程。

（一）金属网浸油过滤器

图 6-1 表示了金属网浸油过滤器的结构。

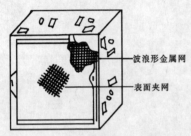

波浪形金属网

表面夹网

图 6-1 金属网浸油过滤器

由图可知，它是用 12 层或 18 层波浪形的金属网选装在框匣内做成的。网的波纹互相垂直，金属网的孔径沿气流方向逐渐缩小。金属网浸油过滤器在使用前要浸油，长期使用时，需注意用碱水清洗，以减小气流阻力，提高过滤效率。

过滤器由于处理风量大，占空间小，虽然使用维护比较麻烦，相对其他类型过滤器效率较低，但在一般的空调系统中，对净化要求不太严格的场合下，还是经常采用的。

（二）自动清洗油过滤器

这种过滤器由金属过滤网板、电机、传动机构及油槽等组成。如图 6-2 所示。

过滤网板在传动机构带动下做慢速回转运动，当粘土灰尘部分转到油槽中时，将自动被清洗、浸油，然后再转到上面去滤尘。过滤器虽然清洗、浸油都十分方便，但工作效率较其他类型过滤器仍较低，因此它的应用受到一定限制。

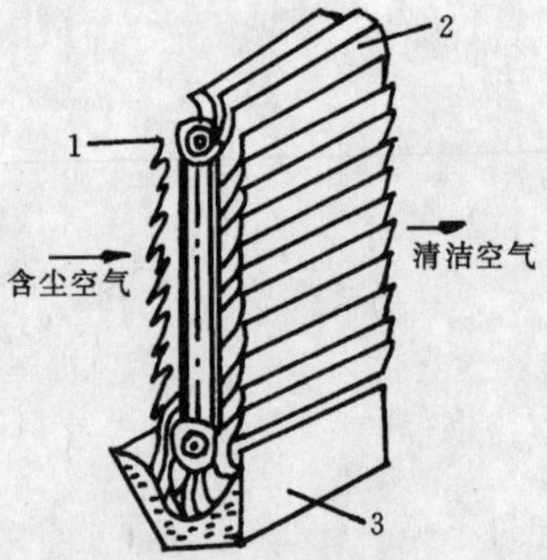

（三）纤维过滤器

纤维过滤器是应用较多的一种过滤器。它的过滤材料采用合成纤维、玻璃纤维和植物纤维，因此材料来源广，过滤效率也较高，虽然滤料不能重复使用，但它仍然获得广泛应用。

含尘空气

清洁空气

图 6-2 自动清洗油过滤器

1—传动机构；2—滤尘网板；3—油槽

二、空气过滤的电气控制

空气的净化处理或过滤处理是由空气过滤器实现的，因此过滤器的工作性能是空气净化过程的关键。

为保证过滤器的正常工作，提高其工作效率，工程实际中往往采用自动检测、自动控制的手段来监督过滤器的工作。过滤器长期使用时，滤料上沉附的灰尘会逐渐增加，增大了过滤器的气流阻力，影响过滤器工作效率。因此在工程上需要对长期使用的过滤器进行清洗或更换，而清洗或更换的时间可以定期也可以不定期。为提高过滤器的工作效率，目前在技术上广泛采用自动化措施，即依靠自动化仪表监视过滤前后的空气压差，随时决定清洗或更换过滤器的时间，做到自动检测，自动报请清洗或更换时间。

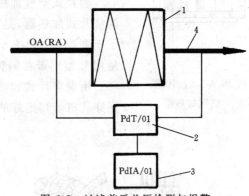

　　实际上，过滤前后的空气压差的监测是十分容易的，只要选择一个合适的差压限值报警控制器，就可以将差压信号显示出来，根据设定的差压极限值，在报警控制器内进行分析、判断，如差压达到极限值，报警控制器会立即发出声、光报警。

　　自动监测、自动报警的典型控制系统，如图 6-3 所示。

　　新风（OA）或回风（RA）经空气过滤器过滤后，压差变送器监测进风与出风压差，并由压差信号显示与报警控制器显示。当压差达到极限值时，发出报警信号。图中的压差变送器 PdT/01 和压差信号显示与

图 6-3　过滤前后差压检测与报警

1—过滤器；2—压差变送器；3—压差信号
显示与报警控制器；4—风管

报警控制器 PdIA/01 可由仪表制造厂家提供，其性能可由产品手册查出。

　　上述的空气过滤前后压差监测与报警系统，实际上和工业上其他类型检测系统一样，是自动控制系统中比较成熟的一种。

第二节　空气加热及其电气控制

一、空气加热处理

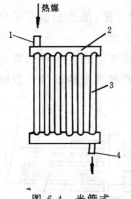

图 6-4　光管式
空气加热器

1—人口；2—联接箱；
3—管子；4—出口

　　空调系统中，对空气的加热也是一种非常重要的空气处理过程。

　　根据空调工程要求，空气加热处理方式可分成一次加热、二次加热及三次加热。一次加热又称预加热，用来加热新风或新风与一次回风的混合风。二次加热通常设在喷水室或表面冷却器之后，或设在二次回风混合段后。三次加热也称精加热，通常是在高精度温度控制时，用于温度的微调。

　　对空气的加热处理是由空气加热器来完成的。根据空调系统组成的不同，空气加热器一般分成两大类，即蒸汽、热水式加热器和电加热器。下面就两种基本类型的空气加热器做简要介绍。

　　（一）蒸汽和热水空气加热器

　　在空调系统中使用较多的是用蒸汽或热水作热媒的空气加热器。按其结构，可分为光管式加热器和肋片式加热器。光管式

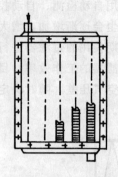

图 6-5 肋片式
空气加热器

结构简单，它是由数排管子和联接箱组成，如图 6-4 所示。

由于光管式加热器的传热性差、金属耗量较大，虽然制做简单方便，但目前还是很少采用。肋片式加热器是在光管外面加上许多薄金属片做成肋片管，再用这种肋片管做成加热器，如图 6-5 所示。

这种结构会明显提高传热效率。

肋片式空气加热器又分为绕片式加热器和穿片式加热器。所谓绕片式加热器，是将一边压出皱褶的金属带，用绕片机紧绕在管子上制成的，如图 6-6（a）所示。另一种绕片式加热器，其肋片管是用 L 型铝带在钢管上绕成的，无皱褶，如图 6-6（b）所示。

所谓穿片式加热器，是将铜片或铝片预先冲好相应管孔，然后用穿孔机套到定好的管束上去，加工成穿片式肋片管，如图 6-7 所示。

（a） （b）

图 6-6 绕片管加热器

目前还有使用镶片法制成肋片管，组成镶片式加热器。用轧管机轧制出管子，使其各肋片构成一个轧片式加热器。

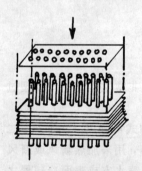

图 6-7 穿片管加热器

为控制蒸汽或热水加热器对空气的加热处理，最有效的办法是在热媒管路上设置调节阀。当然在加热器的旁边或上部设空气旁通阀也是很必要的。

（二）电加热器

在空调系统中，由于电加热的热源设置方便，加热控制简单灵活，因此这种加热方式越来越受到人们的注意。

空调系统中用的电加热器主要有两种基本形式：一种是管式结构，另一种是裸线式结构。图 6-8 表示的是管式电热器的管状电热元件，其电阻丝呈螺旋形，装在套管中，管中填充绝缘材料。这种结构的电加热器的特点是加热均匀，热量稳定，工作安全可靠。其缺点是热隋性大。

裸线式电加热器是将绕成螺旋形的电阻丝直接拉伸在风道做成。这种结构的电加热器结构简单、热隋性小，不足之处是安全性较差。

二、空气加热的电气控制

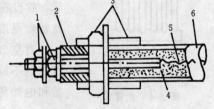

图 6-8 管状电热元件

1—接地装置；2—绝缘子；3—紧固装置；
4—绝缘材料；5—电阻丝；6—金属套管

106

在空调系统中，空气的加热处理同样是重要的处理过程。对于空调房间的温度恒定，空气的加热处理是基本手段。

现代空调系统，室温的恒定都是采用自动控制来实现的。以空调房间为被控对象，配以自动化仪表及操作机构，形成所谓的以室温为调节参数的闭环控制系统。

与一般的工业自动化系统一样，闭环控制系统是反馈控制系统，它有较强的克服各种干扰的能力，有较高的控制质量，同时还具有较好的过渡过程。在理论上，闭环控制的理论已日臻完美；在实践上，人们运用闭环控制的经验也相当成熟。因此，闭环控制对于空调系统的发展已是手足难分了。

下面将举例说明空调系统中，空气加热处理过程中的电气控制方法。

【例1】　空调房间，需要恒温控制，采用电加热方式。空调系统组成，见图6-9所示。

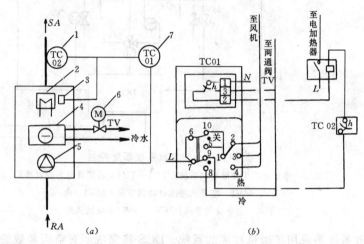

图 6-9　电加热恒温控制系统

1—TC02带手动复位的温度控制器；2—电加热器；3—温度
传感器；4—空气冷却器；5—风机；6—两通电动调节阀；
7—TC01带风机及系统转换开关的室内恒温控制器

由图可见，此系统是按工况进行工作的，即夏季与冬季分别采用不同的控制方法。

夏季，TC01上的转换开关置于"冷"档，此时电加热器电路被切断。空调室内的温度传感器将室内温度检测出来并转换成电信号发送到恒温控制器TC01，温度控制器同时还接受外来的人为给定信号，也即空调房间温度的期望值。在控制器内，给定信号与温度变送器信号（也称反馈信号）进行比较、判断，形成偏差信号，此偏差信号又去控制冷水两通电动调节阀TV，调节TV的开度也就调节了冷水的供量，从而调节了室内温度直到等于或接近温度参数的期望值。

冬季，转换开关置于"热"档，冷水两通电动调节阀TV因失电而处于常闭状态。室内温度仍然由温度传感器进行温度检测与信号发送，同样在温度控制器内形成偏差信号实现对电加热器的控制，使室温达到空调工艺要求。

由上分析可见，恒温控制系统中，恒温控制器TC01是电气控制的核心部分，在自动控制系统中也常常称为调节器。

【例2】 多空调房间，采用小型集散系统的高精度温度控制。空调系统组成，见图6-10所示。

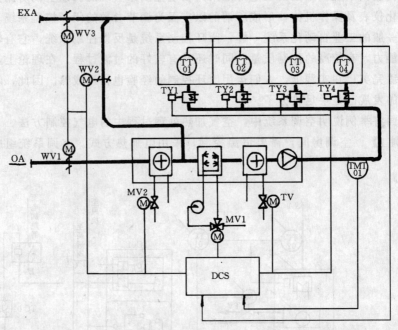

图 6-10　小型集散系统温度控制

DCS—小型计算机集散控制系统；TY1～TY4—晶闸管电力控制器；

TV，MV2—电子式两通电动调节阀；MV1—电

子式三通电动调节阀；WV1～WV3—电动风阀

小型集散系统是采用了微机技术的系统。DCS将完成所有空调参数的检测与调节、工况转换及其他控制。

此系统根据空调工艺要求，相对湿度要求不高，而室内温度要求较高。室内温度控制仍然采用温度变送器 TT01～TT04，温度信号发送到电加热器的电力控制器（调功器）TY1～TY4，在调功器内对温度的偏差信号进行 PID 调节（比例、积分、微分），形成控制信号控制电加热器晶闸管的导通角，调节电加热器供热量，从而使室内温度保持恒定。

显而易见，在这个温度闭环控制系统中，DCS 本身就是一个集中式调节器，它可以分散控制、调节各空调房间，又可以集中统一管理，做到空调系统的合理运行。

利用微处理机技术的空调系统正是现代化建筑尤其是高层建筑所必需的，毫无疑问，它是空调自控系统发展的主要趋势。

第三节　空气加湿及其电气控制

空调系统中，空气的加湿处理过程包括加湿与除湿。当空气干燥时，需要将更多的水蒸气混入到空气中，即所谓的空气加湿。当空气潮湿时，将空气中多余的水蒸气除去，即所谓的空气除湿。

空气过于潮湿或过于干燥都会使人感到不舒服，一般情况下，冬季相对湿度在 40％～

50％之间，夏季相对湿度在 50％～60％之间，人的感觉良好。

在空气的加湿与除湿过程中，实际上就是调整了空气中的水蒸气含量，也就是增加或减少了空气所具有的潜热。

在空气湿度自动控制系统中，采用自动控制的方法对蒸汽加湿器或电加湿器实行闭环控制，从而维持室内相对湿度恒定。

一、空气加湿处理

（一）喷水室对空气的加湿处理

在空调系统中，喷水室可完成对空气进行热、湿处理过程。喷水室（喷雾室）基本结构，见图 8-4 所示。

在喷水室内，空气与喷淋水直接接触，根据不同工况的控制要求，采用不同温度的水，便可实现对空气的加热、加湿、冷却及除湿等多种空气处理过程。

当空气与水接触时，若二者温度不同，就会产生热量的交换。也即用温度较高的水喷淋温度较低的空气，则空气温度升高；用温度较低的水喷淋温度较高的空气，则空气温度降低。这样，在喷水室内实现了对空气的加热与冷却的处理过程。

当喷水水滴表面饱和空气层与其周围空气中的水蒸气分压力有压力差时，就会产生湿交换。当饱和空气层中水蒸气分压力高于周围空气水蒸气分压时，饱和空气层中的水汽分子就会扩散到周围空气中，使空气被加湿。反之，空气中的水汽分子进入饱和空气层中，使空气被除湿、被干燥。前者是蒸发现象，后者是凝结现象，喷水室内的蒸发与凝结实现了空气的加湿与除湿。

显然，在空气与水接触进行热量交换时，既存在显热交换，也存在潜热交换。

在空气与水的热、湿交换过程中，影响其过程的主要因素有空气流速、喷水温度、喷水流量及喷水室结构等。

当喷水室结构与空气流速确定后，则喷水流量或喷水温度便是最主要的因素。

下面根据空气 $i\text{-}d$ 图分析喷水温度的不同而形成的空气各种状态变化。如图 6-11 及图 6-12 所示。

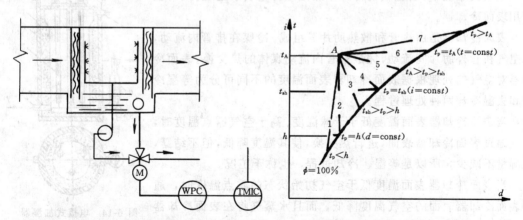

图 6-11 空气喷水处理及其自动控制　　　图 6-12 空气喷水处理变化处理

图中的 t_p、t_L、t_A、t_{sh} 分别表示水温、空气露点温度、空气干球温度（空气温度）及空气湿球温度。

1. A 处理段（$t_p < t_L$）

这段过程有显然交换，也有潜热交换，是降温、降湿、降焓过程，也称干燥冷却过程。

2. B 处理段 $(t_p = t_L)$

这段过程只有显热交换。是等湿、减焓、冷却过程。

3. C 处理段 $(t_{sh} > t_p > t_L)$

这段过程以显热交换方式使水温升高，并且使部分水蒸发，其汽化热也由空气供给。因此使空气温度下降、水蒸气增加，是冷却、降焓、加湿过程。

4. D 处理段 $(t_p = t_{sh})$

这段过程水蒸发所需汽化热由空气供给，空气温度降低，湿度增加，焓值不变，是等焓、冷却、加湿过程。

5. E 处理段 $(t_A > t_p > t_{sh})$

这段过程水因吸收空气的热量而蒸发，使空气温度降低，水蒸气增加，是降温、加焓、加湿过程。

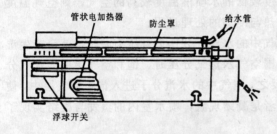

图 6-13　电热式加湿器

管状电加热器　防尘罩　给水管　浮球开关

6. F 处理段 $(t_p = t_A)$

这段过程不存在显热交换，但是由于水的蒸发，将潜热带入空气中，是等温、加焓、加湿过程。

7. G 处理段 $(t_p > t_A)$

这段过程有显热交换，也有潜热交换，是加温、加焓、加湿过程。

用来加湿空气的设备除喷水室外还有蒸汽喷管加湿器和电加湿器。电加湿器是直接用电能产生蒸汽，就地混入空气中去的加湿设备。按其工作原理的不同，电加湿器分为电热式加湿器和电极式加湿器两种，其结构分别由图 6-13，图 6-14 所示。

（二）表面冷却器对空气的冷却干燥处理

在空调系统中，对空气的冷却干燥处理可用喷水处理，同时也常用表面冷却器。

表面冷却器是由排管和散热肋片等组成。冷媒在排管内流动，而空气在管外肋片间流动，完成与管内流动媒体的热交换。表面冷却器对空气的处理根据表面冷却器表面温度的不同可分为等湿冷却和去湿冷却两种处理过程。

当表面冷却器表面温度低于干球温度、高于空气露点温度时，空气通过表面冷却器表面，进行热交换，使其温度降低，但不结露，含湿量不减少，所以是等湿、冷却过程，也称干工况。

当表面冷却器表面温度低于空气初始状态的露点温度时，通过表面冷却器表面的空气温度降低，而且水蒸气将在表面冷却器表面出现凝结水，因而空气含湿量减少，这个过程被称为冷却、干燥（降湿）过程，也称湿工况。

工业上，为充分利用表面冷却器，常常采用补充措施。因为表面冷却器虽然结构简单，安装、运行、管理都十分方便，但它也有

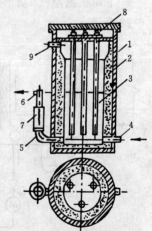

图 6-14　电极式加湿器
1—外壳；2—保温层；3—电极；4—进水管；5—溢水管；6—溢水嘴；7—橡皮管；8—接线柱；9—蒸汽管

不足之处。例如它对空气的处理只能是等湿、冷却或降湿、降温，而对空气的加湿、净化等就无能为力。采用表面冷却器与喷水设备结合起来，即在表面冷却器表面喷循环水的补充方法，如图6-15所示。虽然这种方法需增加设备，投资多，也很少采用，但它的改进毕竟给我们指出改进表面冷却器的方法，所以这种改进仍具有很好的参考价值。

二、空气加湿的电气控制

由前述可知，当采用喷水室对空气进行加湿处理时，只要控制喷水温度就可将空气处理成各种空调状态。采用表面冷却器对空气进行冷却干燥处理时，只要控制流过表面冷却器的冷媒流量就可将空气处理成所需要的具有合适温、湿度的空调状态。

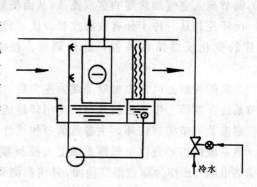

图 6-15 改进的表面冷却器

现代空调系统中，对喷水温度的控制及对冷媒流量的控制都采用了自动控制的方法，即将温、湿度变送器、调节器、执行器等组成相应的闭环控制系统，实现对水温及冷媒流量的自动控制。

下面通过例题来说明如何实现空气加湿的电气控制。

【例1】 空调房间，要保持相对湿度恒定，采用相对湿度串级控制方法。系统组成见图6-16。

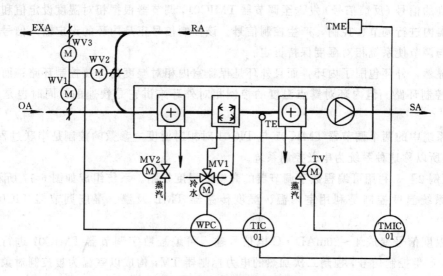

图 6-16 相对湿度串级控制系统

TME—温、湿度传感器；TMIC01—温、湿度调节器；

TIC01—数显调节器；TV，MV2—两通电动调节阀；

MV1—三通电动调节阀；WV1～WV3—电动风阀；

WPC—工况转换系统；TE—铠装铂热电阻

空调工艺上对室内相对湿度的控制可采用变露点法与定露点法。其中变露点法用的较多。该系统运用了所谓的串级控制方法。串级控制是一种较为复杂的自动控制。有关串级控制的原理曾在自动控制系统课程中有过专门叙述，请参阅有关书籍。

该系统中，室内温度控制是由温、湿度传感器 TME 将温、湿度信号传送到温、湿度调节器 TMIC01，在调节器内根据设定温度信号与温、湿度传感器发送的检测信号（也称反馈信号）进行 PID（比例、积分、微分）调节，产生控制信号，控制二次加热电动调节阀（两通），调节流入空气加热器的蒸汽流量，从而使室温保持恒定，完成室温的闭环控制。

闭环控制是一种十分有效的控制方法，只要室内温度受干扰发生变化，传感器就会将温度的变化反馈给调节器，进行调节、控制，直到室内温度达到或接近要求的设定值。

湿度的控制是以室内相对湿度为主参数，喷水后的空气露点温度为副参数，组成串级调节系统。实际上串级控制是由两个闭环组成，通常称为小闭环与大闭环，或称内环与外环。副参数调节构成内环，主参数调节构成外环。

该系统的内环是以空气露点温度为控制参数或调节参数，为实现调节参数的闭环控制，以铂热电阻 TE 作为露点温度检测，并将检测到的信号发送至调节器 TIC01，在调节器内实现控制与调节，产生系统控制信号。根据工况的要求，例如在冬季，由 TIC01 发出的控制信号去控制一次加热阀 MV2 的开度。夏季时，调节冷水调节阀 MV1 的开度，调节蒸汽流入量，控制一次加热，经喷水室控制空气露点温度，使其保持恒定不变。

内环的设定露点温度输入，则是由外环调节器 TMIC01 供给，也即 TMIC01 的输出是内环的给定输入。

外环以室内相对湿度为控制参数，采用室内温、湿度传感器检测室内相对湿度，并将检测到的信号（反馈信号）发送至调节器 TMIC01，调节器根据相对湿度设定值和反馈值在调节器内进行调节、控制，产生控制信号。该控制信号正是内环的设定输入信号。外环的控制与调节使系统相对湿度保持恒定。

显然，外环包围了内环，而且外环是保证室内相对湿度的主要控制环路；而内环则是次要控制环路。但内环对露点温度的控制相对外环来讲它是快速的，同时也是十分有效的。

系统中的两个调节器 TMIC01 与 TIC01 对相对湿度主参数的控制是串联过程（串级过程），所以称这种系统为串级控制系统。

【例2】 利用可编程数字调节器的高精度湿度控制。系统组成如图 6-17 所示。

系统温度控制是利用室内温、湿度传感器 TME 及温、湿度调节器 TIC01 来实现的。

温度信号变成 4～20mAD·C 电信号输入可编程数字调节器 TMIC01 进行数字 PID 调节，产生控制信号，控制二次加热的电力控制器 TV，构成以室温为被控制对象的闭环系统，使室温保持在要求范围内。

湿度控制是分二级进行的。一级是初控。露点温度变送器 TT01 将测得的 4～20mAD·C 信号输入可编程双回路调节器 TMIC01，并根据空调工艺工况编程，实现数字控制，分别调节新、回风，排风阀及表面冷却器的三通阀 MV，使露点恒定。二级是精控。由于相对湿度与温度有关，相对湿度调节器调节精加热器的电力控制器 MV，可实现高精度的湿度控制，但对温度影响却非常小。

目前，由二级控制构成的湿度高精度控制系统，正在被广泛应用。

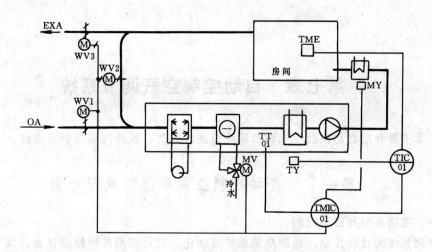

图 6-17 高精度湿度控制系统

TT01—温度变送器；TME—温、湿度传感器；TIC01—温、湿度调节器；
TMIC01—可编程双回路调节器；TY—晶闸管交流电力控制器；MY—晶闸
管交流电力控制器；MV—电子式三通电动调节阀；WV1～WV3—电动风阀

思考题与习题

1. 叙述空气的过滤净化过程，并绘制过程示意图。
2. 叙述空气的加热过程，并绘制过程示意图。
3. 叙述空气的加湿过程，并绘制过程示意图。
4. 举例说明空气净化的电气控制方法。
5. 举例说明空气加热的电气控制方法。
6. 举例说明空气加湿的电气控制方法。

第七章　自动控制空气调节系统

本章主要介绍自动控制空气调节系统组成、分类、系统性能分析及设计。

第一节　自动控制空调系统组成与分类

一、空调系统与自动控制

空调系统的自动控制、也即空调系统自动化，就是采用各种检测仪表，调节仪表，控制装置及电子计算机等先进的自动化技术工具，对空气调节系统进行自动检测、监督、调节与控制，使其具有良好的经济、技术指标。

现代空调系统已经完全属于自动控制。现代工业的迅速发展，仪表与微型计算机的广泛应用，使空调系统自动化达到了一个新的水平。

在系统方面，为提高控制质量及实现某些特殊控制要求，工程上除了采用单回路闭环控制，还曾先后设计并制成了各种复杂控制系统，如串级控制系统、比值控制系统及均匀控制系统等。前馈和选择控制的应用，使复杂控制系统达到了新的水平。

在控制理论方面，经典控制理论正在有效地解决空调系统的工程实际问题。现代控制理论也正在获得广泛的应用。

在仪表使用方面，无论是模拟仪表还是数字仪表，在可靠性、工作性能等方面都已有了明显提高。微机控制的智能单元组合仪表（包括单回路调节器或可编程调节器等）开始和正在被采用。

值得提出的是，随着现代新型空调系统的不断出现，对自动控制的要求也越来越高。多变量控制、数字控制、最优控制、自适应控制及模糊控制等形式各异的控制系统的建立，必将促进空调系统自动化的高速发展。

二、自动控制空调系统组成

空调系统的被控参数主要是空调房间的温度与湿度。下面以空调房间温度控制分类、介绍自动控制系统组成。

空调房间新风温度的恒定，要求空调系统必须在自动控制的方式下工作。图 7-1 表示了该系统的结构。

系统由风机、空气冷却器、风道温度传感器 TE、温度调节器 TC01、两通电动调节阀 TV、压差开关 PdS01 及压差超限报警器 PdA01 等组成。

新风温度的控制，是由风道温度传感器 TE 检测出风道实际温度值，然后将其温度信号变成电气信号送至温度调节器 TC01。温度调节器根据新风温度设定值（系统给定温度值，也称新风温度期望值）与传感器 TE 温度检测值（也称反馈值）进行比较与处理（依据一定的规律，如 PID 调节规律），产生相应的系统控制信号，控制冷水电动调节阀 TV，调节了空气冷却器中冷媒（冷水）的流量，起到了控制、调节新风温度的作用。

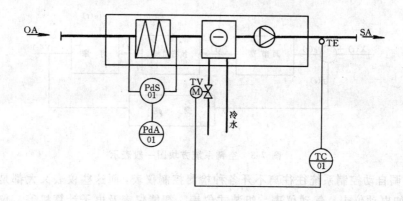

图 7-1 带过滤器差压报警的新风温度自动控制

由此可见，新风温度控制系统中，调节器的作用是非常重要的。只要新风温度偏离设定值允许范围，调节器就会产生控制信号，控制系统直到新风温度达到允许范围。这种控制方式是典型的带有反馈的闭环控制。

该系统新风温度的恒定保证了空调房间的室内温度恒定。

系统中的过滤差压报警是由压差开关 PdS01 检测空气过滤器两端压差来实现的。当压差超过规定值时，PdA01 便发出报警信号，说明该空气过滤器应该清洗或更换。

如果将上述新风温度自动控制系统用另一种方式表示，即系统中各单元结构用方块表示，系统中信号用箭头表示，并根据系统工作原理将这些方块与箭头有次序的连接起来，构成系统方块结构图。简称系统方块图，见图7-2所示。

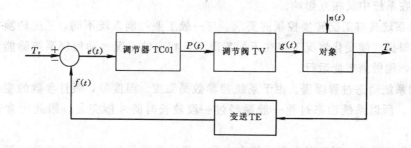

图 7-2 新风温度控制系统方块图

建立在传递函数基础上的方块结构图（有时也简称为方块图）对系统特性的分析是十分方便的。

与温度控制系统一样，其他参数的空调系统同样可以画出类似的方块图。

如果将空调系统给定输入量用 $X(t)$ 表示，输出量用 $Y(t)$ 表示，反馈量用 $f(t)$ 表示，则空调自动控制系统可一般地表示成如图7-3所示。

由图7-3可见，空调自动控制系统由调节器、执行机构、被控对象及变送器等基本环节组成。

三、空调系统特点及分类

（一）空调系统特点

与一般工业自动控制系统相比，空调系统的特点可大致归纳如下：

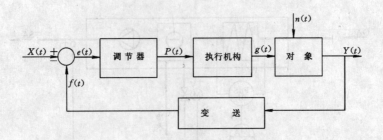

图 7-3 空调系统方块图一般表示

1. 空调自动控制系统往往离不开各种检测控制仪表，而这些仪表又大都是多功能的系列仪表，如电动仪表、气动仪表、组装式仪表、智能仪表及电子计算机等。仪表的选取与使用应与空调系统相配合，才能达到满意的控制效果。

2. 空调系统被控对象较为特殊。动态惯性大，并带有纯滞后时间，而且还常常有非线性特性。因此从控制理论角度看，就很难用精确的数学模型来表示。一般情况下，都采用近似、理想化的经验数学模型。例如空调房间的数学模型就是一个单容或多容的带有纯滞后的一阶惯性或二阶惯性的近似线性化模型。

3. 空调系统的干扰较多。这些干扰来自系统外部、也来自系统内部，分别称为外扰和内扰。

外扰主要是送风及建筑围护结构传热的扰动，内扰主要是指房间内电器、照明散热量、工艺设备启停、工作人员散热量以及室内外物品流动等变化对室内温、湿度产生的影响。

4. 空调系统中温度与湿度的相关性。温度与湿度是空调系统中两个主要控制参数，而这两个参数在系统中又相互影响。

5. 空调系统具有工况转换控制的要求。与一般工业控制系统不同，工况转换控制可以使空调系统根据气候变化情况工作在不同工况下，相应的工况自动控制系统除能实现系统参数控制外，能做到节能运行。

6. 空调系统动态过程缓慢。由于系统控参数是温度、湿度等，而且参数的变化也与被控对象有关，所以系统动态过程一般要经过一段较长时间才能完成，因此常常有"慢过程"的说法。

由以上分析可见，要实现空调系统自动化，设计出满足各项指标要求的空调自动控制系统，就必须要掌握空调系统本身特点。也只有这样，才能正确选择各种检测与控制仪表，合理采用自动控制系统的分析、设计方法，构造出满意的自动控制空调系统。

（二）自动控制空调系统分类

1. 按系统结构特点分类

（1）反馈控制系统。它是根据系统被控量的实际输出值与系统给定值的偏差进行工作的，其目的是消除或减少偏差。图 7-2 表示的新风温度控制系统就是一个反馈控制系统。

反馈控制系统也称作闭环控制系统，这是空调系统中最基本的一种控制方式。根据所需要的反馈量的个数，又可以构成两个或两个以上的闭合回路，称为多回路反馈控制系统。

（2）前馈控制系统。它是直接根据扰动进行工作的。扰动是控制的依据。由于系统扰动输入端没有其输出的反馈，所以根据扰动而实现的控制是开环控制。图 7-4 表示了前馈控制系统的方块图。

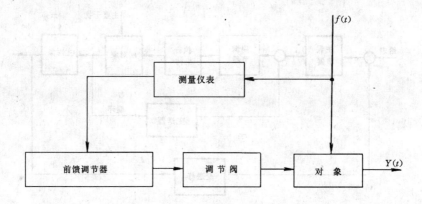

图 7-4　前馈控制系统方块图

由于前馈控制是开环控制，无法检查控制效果，所以往往不能单独使用。

（3）复合控制系统。该系统也称前馈-反馈控制系统。图 7-5 所示为复合控制系统方块图。

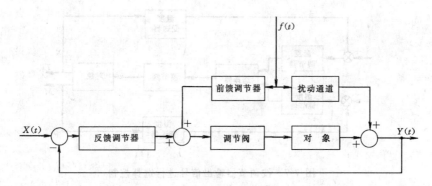

图 7-5　复合控制系统方块图

复合控制集中了前馈与反馈控制的优点，提高了系统控制质量。复合控制在空调系统中是一种较为高级的控制方式，一般在要求较高的场合下，才采用复合控制方式。

（4）串级控制系统。该系统是将主调节器的输出作为副调节器的给定输入。系统由内、外（副、主）两环构成。副环被控参数一般可选取受干扰较大，纯滞后较小且反应灵敏的参数；主环被控参数一般就是系统主参数。

副环一般具有及时抑制、克服其主要干扰影响的超前调节功能，提高系统调节质量。副环对象的时间常数比主环对象的时间常数小，调节效果显著。所以一般情况下，副环调节器使用比例积分或比例调节规律。空调系统的串级控制方块图，如图 7-6 所示。

作为例子，当采用蒸汽或热水加热器及表面冷却器来控制室内温度时，由于设备热容量大，送风管道长，单回路闭环系统调节滞后大，因此超调量也较大。若采用串级控制，将送风干扰纳入到副环送风温度调节系统内，而对主环对象的空调房间的干扰将通过主环调节器的作用来改变副调节器的给定值，使送风温度按室温变化调整，从而减少了室温的波动，有利于提高调节质量。

（5）选择控制系统。它是将空调过程中控制条件构成逻辑关系，通过选择器对控制参数进行判断、选择，从一种被控量的控制方式转换为另一种被选择的被控量控制方式。

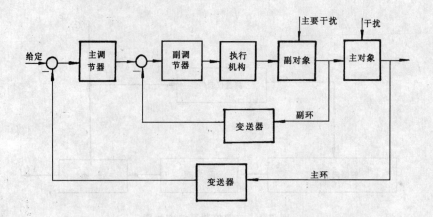

图 7-6　串级控制系统方块图

在空调工程中应用的选择控制有两种类型，一种是根据调节器输出信号的高低进行选择，如图 7-7 所示。

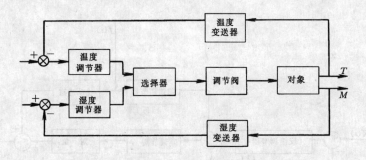

图 7-7　按调节器输出信号进行选择控制

由图可见，有两个调节器的输出信号同时送入选择器，选择器根据设计要求（高或低）输出信号作用于冷水调节阀。此种选择控制仅用常规仪表就可很容易实现。若采用 DDZ-Ⅲ 型自选调节器，则只需一个调节器就可以代替温度、湿度调节器和选择器，三者合为一体。

选择控制的另一种方式是采用两个变送器，其输出信号先经选择器比较选择后再送至调节器。

（6）分程控制系统。它是由一台调节器的输出信号控制两台或两台以上执行机构分程动作的控制方式。根据调节器输出信号大小分段控制不同的执行机构，使其按先后顺序动作。

图 7-8 表示了由一台调节器控制两个调节阀的控制示意图。

两个调节阀同时接受调节器的输出信号，而两个调节阀各自都必须通过调节阀上的阀门定位器整定好输入信号范围，调节阀才能根据输入信号大小是否在整定输入信号范围之内决定是否动作。根据两个阀门分程动作关系，可以适当整定两个阀门的各自定位器的整定值范围。

2. 按设定值信号特点分类

（1）定值控制系统。这种系统也被称作恒值控制系统。在空调系统中，恒值系统是最

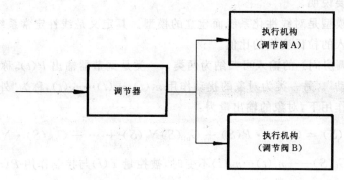

图 7-8 分程控制方块图

常见的一种。

系统设定值在系统工作的全部时间里恒定不变,当然,根据系统工艺要求,其设定值也可以随时修改。

(2)随动控制系统。它是系统被控参数的设定值随时间任意变化,也即随机变化。随动系统也称为跟踪系统。

(3)程序控制系统。系统被控参数的设定值是按预定的编制好的程序在变化。而这个预定的程序是人为预先安排的,它满足空调工艺要求。

第二节　被控对象的数学模型

对于空调系统品质,尤其是系统过渡过程品质的分析是十分重要的,它是自动控制空调系统设计的基础。而系统品质是由组成系统的被控对象和各种检测、控制仪表等环节的特性及系统结构所决定的。建立空调系统被控对象数学模型,是系统品质分析的需要。

一、基本概念

自动控制空调系统的主要任务是维持空调房间的温、湿度在工艺要求的范围内。空调房间就是空调系统被控对象。在对象中,总有些物质和能量的输入与输出,同样在对象中,一般也都具有对物质和能量的贮存能力。

对象的数学模型是指对象在输入量作用下,其相应输出量变化的函数关系的数学表达式。如微分方程、传递函数及频率特性表达式等。

重新画出自动控制空调系统方块图于图 7-9。

在图 7-9 中,用传递函数 $G_0(S)$ 表示对象的数学模型。下面就传递函数 $G_0(S)$ 有关

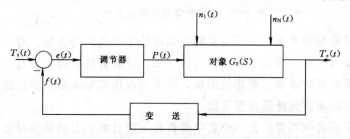

图 7-9　单回路自动控制空调系统方块图

基本概念做扼要说明。

传递函数模型是对线性化系统而建立的模型。其定义是线性定常系统，在零初始条件下的输出与输入的拉氏变换的比值。

对象（空调房间）的输入可归纳为两类，一类是调节器输出 $P(t)$，称为对象的"基本扰动"或"内部扰动"。另一类为对象的扰动作用 $n_1(t)$、$n_2(t) \cdots n_N(t)$，称为"外部扰动"。这样在多个输入信号作用下，对象的输出量为：

$$Y(S) = G_0(S) \cdot P(S) + G_{n1}(S)N_1(S) + \cdots + G_{nN}(S) \cdot N_n(S) \qquad (7\text{-}1)$$

式中　　　$G_0(S)$——$n_1(t) \cdots n_N(t)$不变时，被控量 $Y(t)$ 与控制作用 $P(t)$ 之间的传递函数；

　　　　　$G_{n1}(S)$——$P(t)$，$n_2(t) \cdots n_N(t)$不变时，被控量 $Y(t)$ 与扰动 $n_1(t)$ 之间的传递函数；

　　　　　　　　　　……

　　　　　$G_{nN}(S)$——$P(t)$、$n_1(t)$、$n_2(t) \cdots n_{N-1}(t)$不变时，被控量与扰动量 $n_N(t)$ 之间的传递函数；

$Y(S)$、$P(S)$、$N(S)$——分别为被控量、控制信号及扰动信号的拉氏变换。

另外，空调对象还可能有多个输入 $P_1(t)$、$P_2(t) \cdots P_n(t)$，多个输出信号 $Y_1(t)$、$Y_2(t) \cdots Y_m(t)$。本章只研究具有一个被控量的空调对象。

为评价空调对象的特性，在控制理论中常采用对象的典型阶跃响应曲线为依据，即施加对象——阶跃变化的输入信号，得出对象的典型输出响应曲线。如图 7-10 所示，被控量的变化往往是不振荡的、单调的、有时间滞后及惯性。

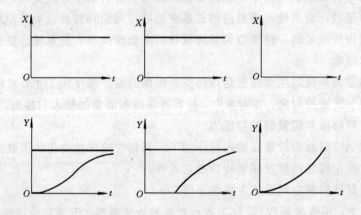

图 7-10　对象典型阶跃响应曲线

空调对象数学模型的建立，可采用自动控制理论中所阐述的方法。对于较为简单的对象，可以根据对象具体结构及其工作原理，由分析、计算方法获得。而对于较为复杂的对象，用解析方法求取其数学模型就比较困难，常采用现场实际测量、辨识的方法获得。

二、空调房间的单容纯滞后传递函数

经验证明，空调房间可看作是一个简单而具有一定自衡能力的单容对象。其传递函数可由下式表示：

120

$$G(S) = \frac{Ke^{-\tau_0 S}}{T_0 S + 1} \qquad (17\text{-}2)$$

式中　$G(S)$——对象（空调房间）传递函数；

　　　　K——对象静态放大系数；

　　　　τ_0——对象纯滞后时间；

　　　　T_0——对象时间常数。

　　为说明空调房间的物理特性，可利用在其输入端加一热空气干扰，则输出温度值随时间变化的曲线也即空调对象的阶跃响应曲线（也称飞升曲线）。曲线如图 7-11 所示。

　　对象中的某些特性参数对其输出的影响：

　　（一）放大系数 K

　　放大系数也称为传递系数。放大系数 K 与被控量变化过程无关，其值表示输入对输出稳态值的影响程度。K 值大，表示对象自衡能力小；K 值小，表示对象自衡能力大。

　　（二）时间常数 T_0

　　由图 7-11 可见，T_0 大小反映了对象受到阶跃干扰后，被控量达到新的稳定值的快慢程度。所以时间常数 T_0 是表示对象惯性大小的物理量。如若解出对象的阶跃响应时，则输出变化的定量关系则会更加清楚。

　　设对象输入为阶跃函数时，其拉氏变换式为 $Q(S) = \dfrac{A}{S}$，则：

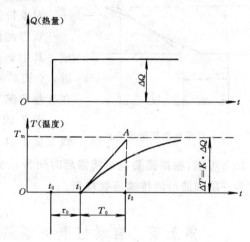

图 7-11　恒温室阶跃响应曲线

$$T(S) = L^{-1}\left[\frac{KA}{S(T_0 S + 1)}\right] = KA\left(1 - e^{-\frac{t}{T_0}}\right)$$

令：$KA = K\Delta Q = \Delta T$，则：

$$T(t) = \Delta T\left(1 - e^{-\frac{t}{T_0}}\right)$$

　　当 $t = T_0$（图 10-10 中的 $t = t_2 - t_1$），则 $T(t) = 0.632 T_\infty$。由此可知，对象的时间常数 T_0 就是输入阶跃信号作用后，输出量达到稳定值的 63.2% 时所需要的时间。

　　时间常数 T_0 还表示对象的热容 C 和热阻 R 的乘积，即 $T_0 = R \cdot C$。

　　（三）纯滞后时间 τ_0

　　纯滞后也称作传递滞后。如恒温室，当送风带来的热负荷突然增大时，室温却不能立刻变化。因为热风从送风口送入，不可能立即扩散到整个空调室的房间，要经过一段时间后才能到达检测点，因而产生纯滞后现象。

　　纯滞后对系统特性会带来不利的影响，因此希望对象纯滞后时间越小越好。

　　三、空调房间的双容纯滞后传递函数

　　空调系统中，带电加热器的室温调节对象仍然可简化为单容纯滞后对象；而对于带热水加热器的空调房间，则应看作是双容纯滞后对象。其传递函数可由下式表示：

$$G(S) = \frac{Ke^{-\tau S}}{(TS + 1)^2} \tag{7-3}$$

对象特性参数 K、T、τ 对空调系统影响与单容纯滞后对象相同。

为说明双容纯滞后对象的物理特性，也可利用阶跃信号作输入，求出其阶跃响应。图 7-12 就是双容对象的阶跃响应曲线。

对象特性的分析类似单容纯滞后对象。

双容纯滞后对象的滞后时间 τ 由 τ_0 和 τ_c 两部分组成，其中 τ_0 为纯滞后时间，τ_c 为容量滞后时间。严格地讲，空调对象一般都具有容量滞后，只是大小不同而已。在有些情况下，容量滞后可以忽略不计。

图 7-12 中过 B 点的切线在横坐标交于 C 点，在 I_∞ 线上交于 A 点，形成时间常数 T。

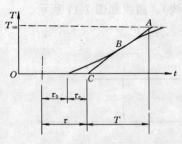

图 7-12 双容对象阶跃响应曲线

如有可能，根据需要也可将滞后时间为 τ、时间常数为 T 的二阶加滞后的传递函数模型简化为一阶加滞后的传递函数模型。

第三节 自动控制空调系统常用仪表与执行机构

由图 7-3 可知，自动控制空调系统主要由调节器、检测变送器、执行机构（调节阀）及被控对象（空调房间）所组成。而调节器、检测变送器又都被制成仪表，所以从这一点来看，自动控制空调系统的设计主要是仪表的选型与设计。

一、检测变送器

检测变送器也就是传感器。

在空调系统中，温度的测量方法很多。从测量体与被测介质是否接触来分，有接触式测量与非接触式测量。

接触式测量方法简单、可靠、精度高。但由于测温元件需要与被测介质进行充分热交换，才能达到热平衡，因而会产生测量的滞后现象，也可能产生与被测介质的化学反应。这种测量方法不适合较高温度的测量。空调系统中由于空调房间的温度不会太高，所以接触式测温方法仍得到广泛应用。

另外，从测温原理来分，有根据感温体体积变化、感温电阻变化及热电效应等形成的不同测量方法。

下面就空调系统中常见一些温度检测仪表做简单介绍。

（1）玻璃温度计是利用玻璃管内感温液体受热膨胀，受冷收缩的性质来测量温度的。其中感温体有水银（汞）及各种有机液体，如甲苯、乙醇、石油醚、戊烷等。

玻璃温度计多用于测量低温。在空调系统中有较多应用。

（2）双金属温度计是根据固体热膨胀性质来测量温度的。它是由两种不同热膨胀系数、彼此牢固结合的双金属片制成感温元件的温度计。当感温元件感受到环境介质温度变化并达到动作温度值时，双金属片由于热膨胀的不同而发生弯曲，实现温度的显示与报警。

（3）金属热电阻温度计，它是利用电阻与温度呈一定函数关系的金属导体制成的感温元件。根据感温材料的不同，可分为铂电阻温度计、铜电阻温度计、镍电阻温度计等。

金属热电阻温度计由于其测温范围较宽，测温信号传送距离较远，所以在空调系统中应用较多。

（4）半导体热敏电阻温度计，它是一种半导体温度传感器。热敏电阻大多是由各种金属（如锰、镍、铜、铁等）的氧化物按一定比例混合烧结而成。由于本身具有非线性，所以在用作温度传感器时必须进行线性化处理。

由热敏电阻制成的温度传感器，由于其温度系数较大（比其他热电阻大 5～10 倍）、时间常数小、响应快、灵敏度高，况且结构简单、体积小、价格便宜，所以在空调系统中颇受欢迎。

目前在国内已生产出经线性化处理的、测温范围在 0～40℃ 的空调专用热敏电阻温度传感器。由国产热敏电阻 MFB_3、MF-53 制成的型号为 MF53-X 的温度传感器可用来测量室温及风道温度，与专用仪表配套进行温度显示与调节。

空调房间相对湿度的检测与传送是由相对湿度传感器实现的。空调系统中常用相对湿度传感器有以下几种。

（1）干湿球湿度信号发送器。干湿球湿度测量原理是：两只温度计，其中一只完全暴露在空气中，用以测量空气温度，称作干球温度计。另一只称为湿球温度计。通常在空气未达到饱和状态时，湿球温度计包裹的湿纱布中的水分不断蒸发到空气中去，并吸收周围的热量，使温度计读数下降。当空气对纱布的传热量等于蒸发水份所需热量时，此刻湿球温度计的指示便是湿球温度。在一定干球温度下，空气的绝对湿度或相对湿度越小，就越远离于空气饱和状态，则干湿球温差越大。当空气处于饱和状态（相对湿度为 100%）时，则湿球温度等于干球温度。

当干、湿球温度测出后，依据经验公式便可以计算出在某一温度下的空气相对湿度。

国产 TH 型干、湿球湿度信号发送器，其测量范围为 0～40℃，相对湿度为 20%～100% RH。

（2）氯化锂电阻式湿敏元件及温湿度变送器。氯化锂是很容易在水中溶解的盐类，它在空气中具有很强的吸湿特性。空气中相对湿度越大，则氯化锂吸收的水分就越多，其电阻率就越小。

氯化锂电阻式感湿元件，即湿敏电阻就是利用氯化锂这一特性制成的。由氯化锂制成的测量片构成的交流电桥，将相对湿度的变化变成交流信号（电流控制在 $100\mu A$ 以下）发送出去。

湿敏元件的优点在于结构简单，体积小，反映速度快，灵敏度高。但互换性差，易老化，使用寿命短。

另外，由于氯化锂感湿元件受环境影响较大，所以在测量相对湿度时常常需要温度补偿。温湿度传感器内设置一个热敏电阻，该电阻一方面用以测量相对湿度的温度补偿，同时也可作为温度测量用。所以目前国内产品多半是以温湿度传感器的结构进行温湿度测量。如 DWS 型、CSL 型温湿度传感器等。

（3）电容式湿度传感器。其基本原理是在一块电绝缘膜片的两面分别放置一个电极薄片构成一个电容。电容量大小取决于两电极之间的距离及表面积和绝缘膜片的电介常数，而绝缘膜片电介常数常常又因膜片对空气中水分子的可逆吸附而起变化，因此电容量随之改变。

当结构、型式确定后，湿敏电容与相对湿度的变化在很大范围内是线性关系。所以只要测出电容量的变化，就可以求出空气中相对湿度的变化。

（4）磺酸锂湿敏元件，它也是电阻式感湿元件，在磺酸锂感湿基片两面涂以碳电极构成。感湿基片在空气相对湿度变化时，基片两极间的电阻值也就发生变化，从而可以测出空气相对湿度的变化。

二、调节器

调节器也称控制器，它是空调系统的控制核心。其主要任务是负责处理系统设定值与反馈值之间的偏差，产生系统需要的控制信号，使系统输出（被控主参数）满足工艺要求。

调节器的选择与使用是自动控制空调系统的关键。现代空调系统中，调节器的结构越来越紧凑，体积越来越小，趋向于小型化、微型化；性能越来越完善；功能越来越齐全。溶入微机技术的智能型调节器，由于保留了模拟仪表的特点，使调节器的性能更加完善，可靠性更高，适用性更强，况且控制灵活，使用方便，所以目前在空调系统中已经开始使用和正在使用智能型调节器。

调节器可以完成模拟调节和数字调节。基本 PID 规律及其改进型式是调节器的主要调节规律。所谓 PID 规律即指比例、积分、微分及其合适的组合形成的调节规律。由于空调系统被控对象的特殊，所以相应调节规律经常采用位式、比例式、比例积分式、比例积分微分式、预估控制式及采样式等。

近年来，随着现代控制理论的发展，自适应技术、模糊控制技术等现代控制技术使 PID 控制技术日臻完善与成熟。

基本 PID 及其相应的数字型式数学表达如下：

（一）模拟 PID 规律

模拟 PID 调节规律是指用模拟运放器等电子元件构成的模拟调节器反映出的调节器输入与输出之间的函数关系，其数学表达式为：

$$P = K_c \left(e + \frac{1}{T_I} \int e \mathrm{d}t + T_D \frac{\mathrm{d}e}{\mathrm{d}t} \right) \tag{7-4}$$

式中　P——调节器输出；

　　　K_c——常数；

　　　e——偏差；

　　　T_I——积分时间常数；

　　　T_D——微分时间常数。

由式（7-4）可见，P、I、D 的不同组合可构成 P、PI、PD 及 PID 等控制规律。

（二）数字 PID 规律

数字 PID 规律是指由计算机程序形成的反映调节器输入与输出之间的函数关系，其数学表达式为：

$$P_k = K_c \left[e_k + \frac{T}{T_I} \sum_{j=0}^{i} e_j + \frac{T_D}{T} (e_k - e_{k-1}) \right] + X_0 \qquad (7-5)$$

上式中的 P_k 为第 k 时刻调节器输出，也称作位置式输出。

$$\Delta P_k = P_k - P_{k-1} = K_c \left[e_k - e_{k-1} + \frac{T}{T_I} e_k + \frac{T_D}{T} (e_k - 2e_{k-1} + e_{k-2}) \right] \qquad (7-6)$$

上式中的 ΔP_k 为调节器第 k 时刻的输出，也称作增量式输出。

空调系统中常用调节器有两种基本类型，即电动与气动调节器。例如 DTWS-43B 型双通道 PID 控制的温湿度调节器，MLC-002 型 PI 控制的多功能调节器，TCW 型 PID 控制的智能温度程控仪，T-9110 型 PI 控制的气动式湿度调节器等。

三、执行器

空调系统中的执行器由执行机构与调节机构组成，接收来自调节器的控制信号，由执行机构转换成角位移或线位移输出，驱动调节机构。

执行器可分为电动与气动两种。

（一）电动执行器

1. 电动调节阀

空调系统中被传送的介质大都是水和蒸汽，所以两通及三通电动调节阀应用较多。调节阀在结构上包括电动执行机构及调节阀两部分。电动执行机构一般与伺服放大器配套使用。由调节器发来的控制信号，经伺服放大器转换成三位继电器信号并控制可逆电机正转与反转，带动调节阀门开大或开小。两通电动调节阀门结构，如图 7-13 所示。

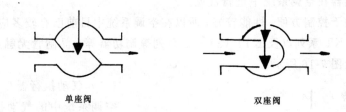

单座阀　　　　　　　　　　双座阀

图 7-13　两通阀门结构示意图

三通电动调节阀阀门结构，如图 7-14 所示。

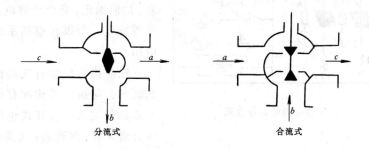

分流式　　　　　　　　　　合流式

图 7-14　三通阀门结构示意图

在实用上，可选择定型产品的电动调节阀，也可选择不同型式的电动执行机构与调节阀门的组合构成需要的电动调节阀。例如常用的电动调节阀有 2AX 三通电动调节阀，2AP 两通电动调节阀，ZDL（N）电子式两通电动调节阀，NVK 三通电动调节阀，EGSVD 三通电动调节阀等。

2. 电动调节风阀

电动调节风阀用来调节风量大小，由于阀门传递的介质是风，所以在结构上不同于上述的电动两通及三通调节阀。

电动调节风阀由电动执行机构与风阀组成。风阀结构如图 7-15 所示。

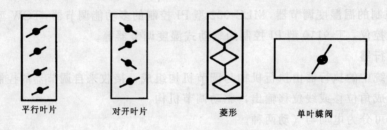

平行叶片　　　　对开叶片　　　　菱形　　　　单叶蝶阀

图 7-15　风阀结构示意图

3. 电加热器

电加热器是由电气控制元件与电气加热电路构成的电加热设备。例如晶闸管无触点交流开关控制的三相电加热器，其中控制晶闸管的开关元件称为执行元件（执行机构），晶闸管及其被接通的电路则称为动作元件（调节机构）。类似的还有许多有触点开关与其相应电路形成的电加热器在空调系统中也属常见。

电加热器由于控制方便，性能较好，所以在空调系统中目前已有较多应用。例如 ZK 系列、ZDZ 系列、KT 系列以及 KT1（3）—2 系列等调功器等。晶闸管无触点开关三相电加热器电路原理如图 7-16 所示。

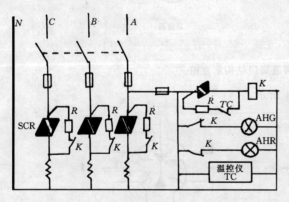

图 7-16　晶闸管电加热器原理图

（二）气动执行器

空调系统中的气动执行器通常指气动调节阀。气动调节阀也是由执行机构和调节阀两部分构成。

气动调节阀具有结构简单、动作可靠、性能稳定、安全价廉以及使用维修方便等特点，所以在空调系统中也有较多应用。

气动执行机构有气动薄膜式和活塞式两种。与执行机构配套的调节阀有气开式和气关式。气开式也即当气动信号压力增大时，阀开启；气关式是在气动信号压力增大时，阀关闭。

国内常用气动调节阀如 V—5816、V—5810、V—5410、V—5416 等型号的两通阀及 D—3153 型号的气动风阀等。

第四节　自动控制空调系统特性分析

单回路反馈控制空调系统由于结构简单，投资少，容易调整，况且能满足一般空调系统参数控制的要求，所以在空调系统中应用十分广泛。另外，在理论上掌握了单回路反馈控制系统的分析与设计，就可以进一步开发出其他复杂的控制系统。所以本节以单回路反馈控制的空调系统为主要研究对象，介绍其特性的分析方法。

一、系统模型建立

根据空调工艺要求，自动控制空调系统模型可采用带补偿的单回路反馈控制形式，如图 7-17 所示。

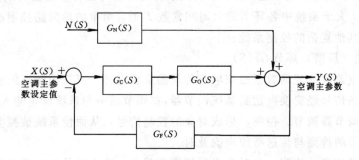

图 7-17　单回路反馈控制空调系统方块图

由图可见，空调房间除来自调节器的主要控制外，还有扰动控制，用以克服扰动信号对系统控制质量的影响。

（一）扰动通道的 $G_N(S)$

对于扰动信号存在的通道，设置一个合适的控制环节 $G_N(S)$ 是十分必要的。扰动通道控制环节 $G_N(S)$ 的放大系数越大，对系统稳态性能影响越大。如将图 7-17 改换成图 7-18 形式，并设 $G_c(S)=K_c$，$G_0(S)=\dfrac{K_0}{T_0S+1}$，$G_N(S)=\dfrac{K_N}{T_NS+1}$，则：

$$\frac{Y(S)}{N(S)}=\frac{(T_0S+1)K_N}{(T)S+1)(T_NS+1)+K_cK_0(T_NS+1)} \tag{7-7}$$

由于系统稳定，如扰动为阶跃作用，则系统输出稳态误差值可由终值定理求出：

$$y_{(\infty)}=\lim y(t)=\lim_{S\to0}S\cdot\frac{K_N(T_0S+1)}{S[(T_0S+1)(T_NS+1)+K_cK_0(T_NS+1)]}$$
$$=\frac{K_N}{1+K_cK_0} \tag{7-8}$$

由式（7-8）可见，K_N 越大，稳态误差越大，而控制通道中 K_0 越大，则稳态误差越小。所以在设计扰动通道时，应使其放大系数小，而控制通道放大系数 K_0 应该大。

另外在空调系统中，对于空调房间干扰信号通道（扰动通道）中的纯时间滞后不影响系统稳态性能，只是使系统过渡过程在时间上往右移动了一个 τ_N 的距离。

（二）对象 $G_0(S)$

对象接收调节器发送的控制信号，处在主控制通道中。前已叙及，空调系统中对象的

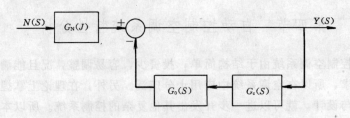

图 7-18　对扰动的自控空调系统方块图

传递函数可由纯滞后与惯性环节组成。

时间纯滞后对系统动态过程影响是非常显著的，它使系统动态过程的最大偏差增大，过渡时间加长，控制质量变坏。关于这一点，在空调系统的分析与设计中是要特别注意的。尤其是当纯滞后时间 τ 大于系统中各环节最大时间常数 T 时，简单的单回路控制已经不能满足要求，需要采用其他复杂的控制系统。

（三）检测变送（反馈）环节 $G_{\mathrm{F}}(S)$

检测与变送是空调参数现场数据的获取与传送的重要途径。反馈控制系统就是依赖检测变送器测得的现场信号经变换发送到系统调节器，在调节器中与系统设定输入进行比较，产生偏差信号，经调节器调节、控制，形成对象的控制信号，从而使系统被控参数满足工艺要求。因此，信号的检测与传送必须准确及时。

空调系统中现场信息的检测，有时会出现纯滞后现象。这主要是由空调对象本身的特点及其信号传递介质本身所决定。

另外，检测变送器本身也会带来测量的滞后。不过空调系统中检测变送器大都采用电气测量元件，其测量滞后可以采用有效方法加以抑制。例如图 7-19 所示，在检测变送器的输出端串一只微分器，就可以有效抑制由时间常数 T_{F} 带来的测量滞后影响。

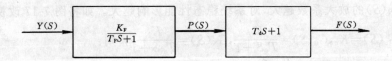

图 7-19　串接微分器结构示意图

由图写出：

$$\frac{F(S)}{Y(S)} = \frac{K_{\mathrm{F}}(T_{\mathrm{d}}S + 1)}{T_{\mathrm{F}}S + 1}$$

如能做到 $T_{\mathrm{d}} = T_{\mathrm{F}}$，则 $F(s) = K_{\mathrm{F}}Y(S)$，说明检测变换是线性比例关系。

（四）执行器 $G_{\mathrm{Z}}(S)$

在图 7-17 中，执行器 $G_{\mathrm{Z}}(S)$ 省略未画，一般可认为包含在对象 $G_0(S)$ 中。由于空调系统大都采用电动执行器，其传递函数仍可认为是线性比例形式，对其微小的时间滞后可勿略不计。

（五）调节器 $G_{\mathrm{c}}(S)$

空调系统中采用的调节器多半是电动单元组合仪表，简称 DDZ 仪表。它是一种模拟式仪表，尤其是 DDZ-Ⅲ型调节器是采用 4~20mA D.C 统一标准信号，实现 PID 控制规律。DDZ-Ⅲ型调节器运行的稳定性、可靠性都有明显提高，同时易于组成各种类型调节器，如 P、PD、PI 及 PID 等类型调节器。

近代空调系统正在积极采用数字计算机或智能单元组合仪表，用以代替常规的模拟调节器。由于数字计算机和智能仪表具有记忆、判断和处理信息功能，它们的应用与开发在短短的几年来发展很快。图 7-20 为数字计算机作为调节器构成的单回路数字控制系统方块图。

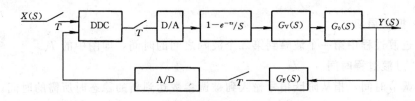

图 7-20　单回路数字控制系统方块图

图中 DDC 为直接数字控制计算机，T 为采样开关的采样周期。计算机按一定的采样周期 T，将被控参数在 nT 时刻的模拟值转换成数字信号，在计算机里同该系统的给定值进行比较，其差值经 PID 运算后，得到一串数字的控制信号，通过输出到执行器，改变调节阀开度。

二、自控空调系统特性分析方法

自控空调系统工作质量的主要分析指标（或特性指标）是系统过渡过程中的稳定性和达到稳定后的稳态误差大小。

为评价系统特性，工程上往往采用阶跃信号作用于该系统，得出系统的阶跃响应，定性与定量地分析阶跃响应曲线，便可求出空调系统的动态（过渡过程）与稳态特性。

空调系统可能出现的阶跃响应曲线有发散、等幅振荡、衰减振荡及非振荡单调等形式。下面以应用最为广泛的衰减振荡过程阶跃响应曲线为例，说明系统在输入单位阶跃扰动作用下特性指标（品质指标）的分析方法：

图 7-21 表示了在单位阶跃扰动下，系统过渡过程（动态过程）响应曲线。

工程上为定量表征空调系统品质指标，常常做如下规定：

（一）衰减比

如图 7-21 所示，它是前后两个波峰值之比，即 $n=\dfrac{B_1}{B_2}$。当 $n<1$ 时，过渡过程曲线是发散的，当 $n=1$ 时，曲线是等幅振荡的，$n<1$ 或 $n=1$ 均属不稳定系统。当 $n>1$ 时，系统过渡过程是衰减振荡的，而当 n 较大时，过渡过程接近非周期单调过程，$n>1$ 属于稳定系统。

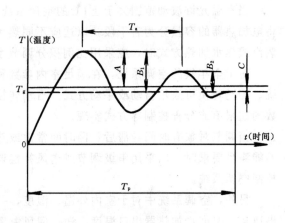

图 7-21　过渡过程曲线

（二）最大偏差

最大偏差是指被调参数偏离给定值的最大短时偏差，即图中的 A 值。

（三）静差

在过渡过程终了时，被调参数与给定值之间的残余偏差，也称余差，或称作系统稳态误差。误差越小，系统稳态品质越好。

（四）超调量

超调量是指图中出现的第一个波峰的 B_1 值，也即被调参数与新的稳态值之间的最大偏离值。

（五）振荡周期

是指过渡过程中第一个波峰到第二个波峰之间的时间，即图中的 T_c。

（六）过渡过程时间

也称调节时间，指从阶跃信号输入到被调参数达到新的稳态时所需的时间。通常规定当被调参数的波动已在稳态值的 5% 范围内时，则认为被调参数已经达到稳态值。调节时间越短，系统调节质量越高。

应当注意，影响该过渡过程曲线的因素很多，例如调节对象特性，干扰作用的地点及形式，自控装置本身性能及参数的整定等。自控空调系统的设计就是要使系统能够满足要求的性能指标。当然在进行空调系统自动控制设计时，除纯时间滞后特别严重而采用数字调节或复杂调节系统外，一般应优先考虑 PID 调节规律的自动控制系统。

第五节　自动控制空调系统的设计

现代空调系统离不开自动控制。而空调系统的控制方式应根据被调节对象的特性参数、空调房间热湿负荷变化的特点以及被控制参数的精度要求等进行选择。

室温允许波动范围小于 ±1℃ 的空调系统，当采用电加热方式时，应采用 PID 调节器与可控硅调压器组成的室温自动控制系统。若采用蒸汽或热水加热方式时，应采用 PID 调节器与电动调节阀或气动调节阀组成的室温自动控制系统。

当室温允许波动范围大于 ±1℃ 的空调系统，采用电加热方式时，应采用位式调节器，将电加热器的容量分为若干段，以适应不同热负荷的变化，选择参与调节的容量。当采用蒸汽或热水加热方式时，应采用比例积分调节系统。

对于全年候的空调系统，在满足室内参数和节能要求的情况下，应采用多工况控制系统。工况转换可采用自动或手动方式。自动转换时，可利用执行机构的极限位置、空气参数的超限值或分程控制等方式实现。

当调节对象有时间纯滞后，因时间常数或热湿扰动量变化的影响采用单回路控制系统不能满足要求时，应采用串级调节或送风补偿调节系统。如纯滞后过大、应考虑采用数字控制空调系统。

另外，空调系统中对于室内外温、湿度，一、二次混合风温度，喷水室或表面冷却器出口空气温度，加热器出口温度，送、回风温度以及喷水室或表面冷却器出口的冷水温度等参数，应设置检测仪表进行现场检测与转换。

值得注意的是，在空调系统中仍然有手动控制方式，一方面是由于温度和湿度的波动范围较宽（温度＞±1℃，相对湿度＞±5％），手动控制已能满足要求，另一方面对于自动控制的空调系统，手动控制方式也是必不可少的。

一、室温控制系统

1. 两位式室温调节系统

在温度自动控制系统中，两位式恒温调节系统较为常见。由于位式调节器具有仪表结构简单、参数整定方便、价格低廉且使用与维护又十分容易，所以在室温允许波动范围大于±1℃或更大些的场合，采用位式调节与控制是一种既经济又实用的控制方式。新型空调专用位式调节仪表的研制为这种类型的控制系统发展创造了良好条件。

采用电加热方式，采用两位式温度调节器设计的简单室温控制系统如图 7-22 所示。

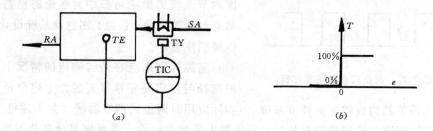

图 7-22 理想两位式室温控制系统

系统由感温元件 TE、两位式调节器 TIC 及执行机构 TY 与电加热器等构成。

这是一个结构简单、理想化的室温控制系统。当室温低于设定值时，感温元件将实测温度信号送至温度调节器 TIC，调节器发出控制信号，驱动执行器 TY 动作，使电加热器电源被接通，对室内加热；当室温高于设定值时，电加热器电源被切断。

由于两位式温度调节器的工作状态是二位式的，所以对执行机构的控制也只有两种状态，即电加热器电源要么被接通，要么被切断。调节器理想特性如图 7-22（b）所示。

两位式调节器的调节特性实际上是一种理想继电器型的非线性特性。虽然其调节精度不高，但可获得较快的调节过程。由于系统中有纯滞后时间 τ，使温度的变化不能跟随输入而立即改变，况且由于纯滞后的影响，在温度上升或下降到室温设定值 T_g 时，都不能立即停在 T_g 点，要继续上升或下降 ΔT 后才能停止下来。因此室温变化曲线中所表示的稳态室温实际上是在 T_g 值上、下 ΔT 范围内的波动，即室温的恒定是某一允许范围内的恒定。计算表明，若室温设定值（给定值）T_g 处于最高温升 T_{max}（T_∞）的一半时，温度波动范围 $|\Delta T_上| = |\Delta T_下| = \Delta T$。

ΔT 可近似由下式表达：

$$\Delta T = T_{max} \cdot \frac{\tau}{2T_0} \tag{7-9}$$

调节器输出的开关动作频率为：

$$f = \frac{1}{4\tau} \tag{7-10}$$

两位式室温调节系统室温变化过程如图 7-23 所示。

由上述分析可以看出，影响系统调节品质的因素有以下几种：

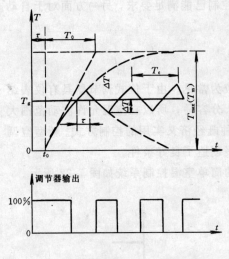

图 7-23 两位式室温调节过程

（1）对象纯滞后时间 τ 愈小，则 ΔT 就越小，也即稳态下室温波动范围及波动周期就越小。

（2）对象的时间常数 T_0 反映温度变化速度的快慢，T_0 越大，温度波动范围 ΔT 越小，但波动周期加长。

（3）对象中的放大系数 K 值越大，曲线越陡，在室温变化过程中，有可能使波动幅度增大，但波动周期会有所减小。

总之，系统中特性参数 τ、T_0 及 K 对两位式温度调节系统的影响可归纳为系统的稳态准确度及动态过程的平稳、快速。在空调系统设计时，应预以特别注意。

室温控制系统在结构确定的情况下，调节器的选择与整定是非常重要的。上述分析的是由理想两位式调节器构成的室温调节系统，但实际应用时两位式调节器特性并非理想。由图7-24可见，实际调节器特性是带有死区回环的继电器型非线性。若系统其他环节不变，则对于实际的两位式温度调节系统的结构如图 7-24 所示。室温变化过程曲线如图 7-25 所示。

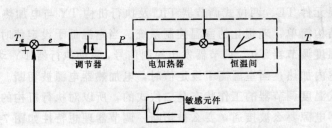

图 7-24 实际两位式室温调节系统方块图

由于调节器具有死区（不灵敏区），所以当室温降低时，调节器控制电加热器电源，电源的接通使室温开始上升。当温度上升到图示 a 点时，此时调节器特性已达到 $-\varepsilon$ 区边缘，从图 7-25 可以看出，此时调节器虽将电加热器电源切断，但室温由于对象的滞后仍然在上升，直到 b 点时才开始下降。反之亦然。

显而易见，由于调节器死区的存在，使图中所示温度的波动 $|\pm\Delta T|$ 增加，而且波动周期 T_c 加长。由控制理论可知，系统稳态波动输出往往要求波幅小、周期短。而调节器的死区特性降低了系统调节品质，如能使调节器死区 ε 为 0，则实际调节特性便成了理想调节特性。实用上考虑到由于 ε 的减小，会使执行元件动作频繁而造成损坏，所以通常在允许室温波动范围较宽时，可适当放大死区 ε，以保证元件寿命的延长。

另外，在上述的室温控制系统中把感温元件看成是比例环节，但实际应用的带金属护套的电阻温度计构成的双容元件的动特性是一个二阶加滞后的环节。由于纯滞后时间的存在，再加上时间常数也不为零，所以由它检测到的温度变化始终落后于实际室温变化。图7-26 表示了有检测滞后的实际两位式室温控制系统室温变化曲线。

由图可以看出，当室温开始上升且已达到不灵敏区上限 Q 点，但温度计的测量值为 a'，

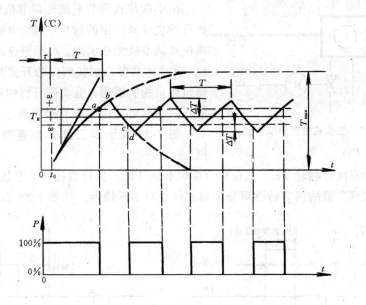

图 7-25　实际两位式室温调节过程

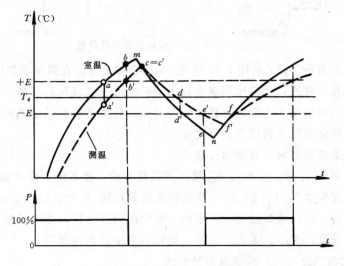

图 7-26　带有检测元件影响的室温变化曲线

所以调节器尚未发出切断电源命令，使室温继续上升到 m 点才开始下降。同样道理，当室内实际温度下降到 n 点时才开始向反方向变化。由于感温元件的时间滞后，使室温波动幅值增大，周期加长，"室温"与"测温"两条曲线间距加大。所以在实际设计温度控制系统时，应选择时间常数小、热惯性小的感温元件，其时间滞后的影响便可以忽略不计。好的感温元件如热敏电阻，其时间常数非常小，还不到 1s，可按比例环节处理。

综上所述，对于一阶惯性加纯滞后的空调对象来说，在室温波动范围要求不太严格的场合下，设计两位式温度控制系统是合适的，如能对系统调节器及检测仪表进行较严格的挑选及整定，系统输出通常会达到较为满意的结果。

2. 三位式恒速送风温度调节

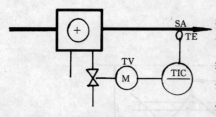

图 7-27 三位式温度调节系统

由于两位式调节系统除调节精度受到限制外，其执行器也受到一定的约束，例如电动或气动调节阀的两位式调节就无法实现。对于恒速送风的室温调节系统，其热水或蒸汽加热阀门的开度是由恒速运转的电动执行机构实现的，电动执行机构的正、反向旋转及停止则必须由三位式调节器实现。

图 7-27 表示了三位式恒速温度调节系统示意图。

系统由温度传感器 TE、三位式温度调节器 TIC、执行机构 TV 及加热器等构成。

三位式调节器的调节特性可分为理想特性和实际特性。如图 7-28（a）、（b）所示。

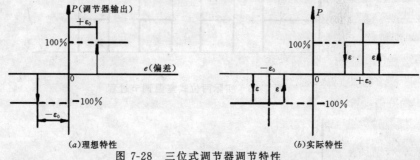

图 7-28　三位式调节器调节特性

若送风温度有所下降，由图 7-28 可见，温度偏差 e 增加直到调节器输出＋100％，对应于调节器低限接点接通，于是中间继电器 K_{11} 得电，K_{11} 接通执行机构的电机电源，电机旋转，使其带动的阀门朝开大方向旋转，阀门开大，使流进加热器的热媒流量增加，提高了送风温度，从而使室温得到调节。反之亦然。

在阀门开足或关足时，有显示灯显示。

系统中还有 K_{11}、K_{22} 与 K_{21}、K_{12} 接点的联锁保护，使系统安全可靠。

系统调节过程如图 7-29 所示。三位式温度调节系统，作为执行机构的电机可进行正、反方向的恒速旋转，所以该系统可获得平稳、稳定的调节过程，并可以根据具体情况使阀门开小、开大、开足；关小、关大、关足，能做到温度的连续调节。

3. 三位比例积分（PI）式室温调节系统

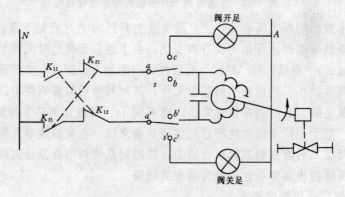

图 7-29　三位式温度调节原理

3. 温、湿度 PI 串级调节并执行机构分程控制系统

设计比例积分（PI）串级调节，执行机构分程控制的相对湿度控制系统，如图 7-43（a）所示。

该系统温、湿度控制均采用 PI 调节器构成双闭环的串级调节。

温度控制中，采用 TMT01、TMT02 分别测得回风与送风温度，其中回风温度信号送

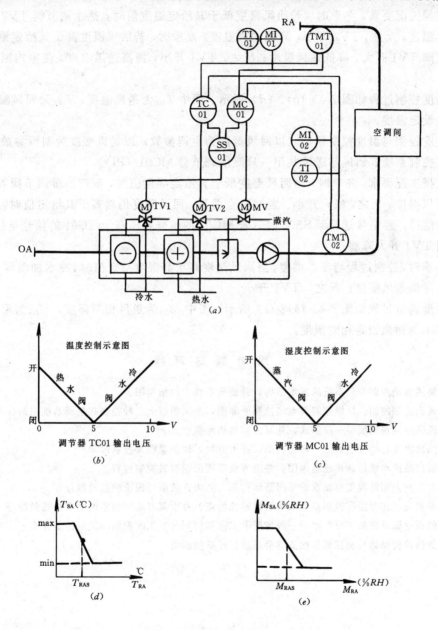

图 7-43 PI 串级调节、分程控制温湿度控制系统

TI01、TI02—温度显示器；TMT01、TMT02—带温度传感器的湿度变送器；

MI01、MI02—湿度显示器；TC01—温度调节器 PI；MC01—湿度调节器（PI）；

SS01—信号选择器；TV1、TV2—三通电动调节阀；MV—两通电动调节阀

至温度调节器 TC01。TC01 以回风温度为主调参数，接收 TMT01 测得的回风温度，进行 PI 调节、形成以回风温度为主调参数的闭环系统，也即温度控制的外环系统。送风温度为副调参数，回风温度调节器 TC01 输出信号重调送风温度给定值，同时在送风温度调节器 TC01（与回风共用一个调节器）中进行 PI 调节，通过以送风温度为副调参数的内环控制作用，使送风温度恒定，从而保证了空调房间的温度恒定。

根据工况要求，冬季时，若回风温度低于其给定温度值时，热水调节阀 TV2 开大，提高送风温度；反之，TV2 开小，降低送风温度。夏季时，若回风温度高于其给定温度时，冷水调节阀 TV1 开大，降低送风温度；反之，TV1 开小，提高送风温度，使室内温度保持恒定。

温度控制过程如图 7-43 (b)、(d) 所示。图中 T_{SA} 为送风温度，T_{RA} 为回风温度，T_{RAS} 为回风设定温度。

湿度控制与温度控制相似。以回风湿度为主调参数，以送风湿度为副调参数，组成双环湿度控制系统。回风与送风共用一只湿度调节器 MC01（PI）。

根据工况要求，冬季时，当回风湿度低于其给定湿度值时，蒸汽加湿调节阀 MV 开大，提高送风湿度；反之，MV 开小。当 MV 全关后，回风湿度仍然高于其给定值时，MC01 输出控制信号，经信号选择器 SS01 后（若 MC01 的信号电压高于 TC01 的信号电压），控制冷水阀 TV1 开大降湿。

夏季时，控制过程与冬季类似。当回风湿度高于其湿度给定值时，冷水加湿调节阀 TV1 开大，降低送风湿度；反之，TV1 开小。

湿度调节过程如图 7-43 (c)、(e) 所示。图中 M_{SA} 为送风相对湿度，M_{RA} 为回风相对湿度，M_{RAS} 为回风设定相对湿度。

思 考 题 与 习 题

1. 简述自动控制空调系统的基本结构，并画出系统方块结构图。
2. 画出前馈控制、反馈控制及串级控制原理图，并说明以上三种控制在空调系统中的应用。
3. 说明空调房间模型一般形式，并写出其传递函数形式。
4. 画出温度自动控制系统一般结构图，并由方块原理图说明其控制过程。
5. 画出温度串级控制系统结构图，并由方块原理图说明其控制过程。
6. 画出室内相对湿度控制系统单回路结构图，并由方块原理图说明其控制过程。
7. 举例说明相对湿度控制系统的串级控制的特点？并由其方块原理图说明串级控制原理。
8. 何谓空调系统的工况控制？一般情况下工况如何划分？工况控制的优越性是什么？
9. 如何评价空调自动控制系统的调节品质？并举例说明。

主 要 参 考 文 献

1　崔福义，李圭白．流动电流及其在混凝控制中的应用．哈尔滨：黑龙江科学技术出版社，1995

2　许京骐，陈培康主编．给水排水新技术．北京：中国建筑工业出版社，1988

3　太原工业大学，哈尔滨建筑工程学院，湖南大学编．建筑给水排水工程．北京：中国建筑工业出版社，1993

4　严煦世，范瑾初主编．给水工程．第3版．北京：中国建筑工业出版社，1995

5　孙景芝主编．建筑电气自动控制．第3版．北京：中国建筑工业出版社，1993

6　邵裕森编．过程控制及仪表．第2版．上海：上海交通大学出版社，1990

7　崔福义．日内瓦供水系统与管理．城镇供水．1996（6）

8　崔福义．离心式投药泵的变频调速调节．给水排水．1995（1）

9　崔福义，陈卫．恒压给水压力控制点的优选．中国给水排水．1996（1）

10　姜乃昌，陈锦章编．水泵及水泵站．第2版．北京：中国建筑工业出版社，1980

11　何寿平，徐华清主编．现代化水厂实例——狼山水厂建设的特色．北京：中国建筑工业出版社，1991

12　王显，吕庆兴．曝气池溶解氧浓度控制与节能．给水排水．1996（12）

13　冯生华．建设中的天津东郊污水处理厂．给水排水．1992（5）

14　翟玉庆等编．供水系统遥测遥控技术．北京：中国建筑工业出版社，1986

15　张祯，周治湖等．空调自控设计基础及图例集．北京：中国建筑工业出版社，1993

16　李育才，杜先智等．建筑电气技术．上海：同济大学出版社，1990